中國國防科技產業集群發展研究

邊慧敏——編著

財經錢線

序

　　國防科技產業作為國家戰略性產業，是國家安全和國防建設的脊梁，是國家科技創新體系的中堅。建設國防科技產業集群是強化一體化國家戰略體系和能力的重要依託，其在打好產業基礎高級化、產業鏈現代化攻堅戰中有著特殊的使命。隨著新一輪科技革命、產業革命和軍事革命的加速推進，全球科技創新進入空前密集活躍時期，國家戰略競爭力、社會生產力、國家安全保障能力的生成機制發生了根本性變革，為國防科技產業集群的高質量發展提供了新的「機會窗口」。

　　長期以來，中國國防科技工業與民用科技工業兩大體系建設相互隔離，忽視了將國防科技創新轉化為現代產業體系發展能力。面對新形勢、新任務、新挑戰，貫徹新發展理念，搶占未來國際競爭的戰略制高點，迫切需要強化「使命導向型」創新與產業融合的制度調整和供給創新，加快推動國防科技創新要素、資源要素與現代產業發展的有效集聚和整合，全面提升國防科技產業集群的建設水準。

　　西華大學邊慧敏教授及其團隊撰寫的《國防科技產業集群發展研究》，以習近平新時代中國特色社會主義思想為引領，通過對標研究發達國家國防科技產業集聚現象，著眼於科技創新和體制機制創新雙輪驅動，對新時代國防科技產業集群發展的動力機制、行動路

徑、要素保障等進行了充分論證，同時考察了電子信息、核、兵器、船舶、航空等具體產業的集群形態，提出了一系列切實可行、非常有價值的政策建議，從理論和實踐兩方面對中國國防科技產業集群化發展進行了積極探索。

該書較好地揭示了推動國防科技工業從製造經濟向創新經濟發展、推進國防科技產業集聚發展、拓展國防科技新興產業鏈發展空間、激發國防科技產業創新創業活力、建立健全國防科技產業集群發展的政策法規體系等發展路徑。同時，根據產業轉型升級的特點，圍繞黨的十九大報告提出的「著力加快建設實體經濟、科技創新、現代金融、人力資源協同發展的產業體系」要求，從創新要素保障方面，探索提出了創新技術要素、資本要素、人力資源要素、平臺要素供給思路。該成果的出版有助於進一步深化我們對國防科技產業集群的認識，對於加快新時期中國國防科技產業集群建設具有重要的理論價值和實踐意義。

劉詩白

前言

　　國防科技產業集群作為中國先進製造業集群的高級形態、脊梁和標杆，代表國家戰略優勢產業領域綜合競爭力最高水準，是國家現代化經濟體系的主要內容，引領和推動中國經濟高質量發展。同一般產業集群相比，國防科技產業集群具有技術含量和研發水準高、產業鏈長、產業關聯度高等特點，在引領行業發展的先進性、決定全球規模影響力的世界性、構建產業生態圈、推動集群性體制創新等方面具有特殊優勢。

　　黨的十九大報告明確提出，要「促進中國產業邁向全球價值鏈中高端，培育若干世界級先進製造業集群」；2018年召開的中央經濟工作會議強調，要「提升產業鏈水準，注重利用技術創新和規模效應形成新的競爭優勢，培育和發展新的產業集群」；2019年召開的中央財經委員會第五次會議強調，要「充分發揮集中力量辦大事的制度優勢和超大規模的市場優勢，打好產業基礎高級化、產業鏈現代化的攻堅戰」。這為新時代推動中國產業集群的高質量發展提供了根本遵循。

　　通過對發達國家國防科技產業集聚現象的歷史考察，我們發現「128號高速公路帶」模式、「硅谷」模式、「智帶」模式對當下中國國防科技產業集群發展具有較強的借鑑意義。美國經濟「脫實向虛」教訓及歐洲從「銹帶」變「智帶」經濟轉型的經驗表明，國防

科技產業集群在提升產業基礎能力和產業鏈水準上肩負著重要的歷史使命。

新中國成立 70 年來，依託集中力量辦大事的制度優勢，國防科技產業在黨中央頂層設計和地方「摸著石頭過河」的探索中得到了健康有序發展，為國家安全和經濟社會發展做出了重要貢獻。電子信息、核產業、兵器產業、船舶產業、航空產業等產業集群發展態勢良好，但與新時代的要求尚有差距，迫切需要在質量變革、效率變革、動力變革、制度變革等方面加以探索。

立足中國國防科技產業發展現狀，通過產業集群的利益主體分析、動力機制分析，進一步明確了國防科技產業集群形成的機理、條件及動力機制，揭示了推動國防科技工業從製造經濟向創新經濟發展、推進國防科技產業集聚發展、拓展國防科技新興產業鏈發展空間、激發國防科技產業創新創業活力、建立健全國防科技產業集群發展的政策法規體系等發展路徑。根據產業轉型升級的特點，圍繞黨的十九大報告提出的「要著力加快建設實體經濟、科技創新、現代金融、人力資源協同發展的產業體系」要求，從創新要素保障方面，探索提出了創新技術要素、資本要素、人力資源要素、平臺要素供給思路。

根據各集群類別形成與發展的歷史特殊性和產業的差異性，針對電子信息產業集群、核產業集群、兵器產業集群、船舶產業集群、航空產業集群等開展專題研究，在深入剖析現狀的基礎上提出相應

的發展路徑及政策建議。

　　本專著在寫作中獲得了中共四川省委軍民融合發展委員會辦公室、北京航空航天大學、四川軍民融合協同創新中心等單位的領導及專家學者的指導，西華大學許州副校長、王政書副校長、張力教授、楊小杰副教授、餘禾副教授、馮永泰教授、成歡副教授、劉睿家副教授、姚世斌教授、王增強副教授、陳昌華博士、朱廣財老師等在不同階段為本專著的出版做出了重要貢獻，在此一併表示感謝。

邊慧敏　蘇文明　丁燦

目錄

第一章　國防科技產業集群的概念　　1
　　第一節　國防科技產業概述　　1
　　第二節　產業集群的概念　　6
　　第三節　國防科技產業集群的特點　　8

第二章　國防科技產業集群發展的理論分析　　13
　　第一節　產業集群發展產業經濟學分析　　13
　　第二節　產業集群發展制度經濟學分析　　15
　　第三節　產業集群發展區域經濟學分析　　18

第三章　國外國防科技產業集群發展情況　　23
　　第一節　美國的「軍民一體化」　　23
　　第二節　俄羅斯的「先軍後民」策略　　27
　　第三節　其他國家的國防科技工業集群化　　30
　　第四節　國外國防科技產業集群模式總結　　35

第四章　中國國防科技產業集群發展現狀及問題　　45
　　第一節　中國國防科技產業集群發展概況　　45
　　第二節　中國國防科技產業集群發展的特點　　57

第三節　中國國防科技產業集群發展的模式與路徑　　62
　　　第四節　推進中國國防科技產業集群發展的政策法規體系　65
　　　第五節　中國國防科技產業集群發展存在的問題　　67

第五章　國防科技產業集群發展的動力機制分析　　75
　　　第一節　國防產業集群化的影響因素　　75
　　　第二節　國防科技產業集群化的利益相關者分析　　83
　　　第三節　中國國防科技產業集群形成的機理與條件　　87
　　　第四節　中國國防科技產業集群發展的動力　　94

第六章　中國國防科技產業集群發展的路徑　　97
　　　第一節　推動國防科技產業從製造經濟向創新經濟發展　　97
　　　第二節　推進國防科技產業集聚發展　　105
　　　第三節　拓展國防科技新興產業鏈發展空間　　107
　　　第四節　激發國防科技產業創新創業活力　　112
　　　第五節　建立健全國防科技產業集群發展的政策法規體系　115

第七章　國防科技產業集群化的要素保障　　119
　　　第一節　創新技術要素供給　　119
　　　第二節　創新資本要素供給　　124
　　　第三節　創新人力資源要素供給　　127
　　　第四節　創新平臺要素供給　　133

第八章　電子信息產業集群發展研究　139

第一節　電子信息產業在軍工產業發展中的地位和重要性　139
第二節　中國電子信息產業的發展現狀　142
第三節　電子信息產業發展面臨的機遇和挑戰　146
第四節　基於全球視角的電子信息產業集群發展經驗借鑑　151
第五節　推進中國電子信息產業集群發展的對策建議　156

第九章　核產業集群發展研究　159

第一節　世界核能及核技術產業發展概況　159
第二節　中國核能與核技術產業發展現狀　162
第三節　核能與核技術應用產業發展面臨的機遇和挑戰　179
第四節　中國核能及核技術產業創新發展的對策　183

第十章　兵器產業集群發展研究　187

第一節　兵器工業的演進發展　187
第二節　中國兵器工業產業集群發展的市場現狀及問題　193
第三節　國際兵器工業產業集群發展概況　197
第四節　推進中國兵器工業產業集群發展的對策建議　209

第十一章　船舶產業集群發展研究　213

第一節　船舶工業發展現狀　213
第二節　軍用船舶產業集群發展模式　219
第三節　中國軍用船舶工業集群發展的對策　221

第十二章　航空產業集群發展研究　225

第一節　航空工業特徵與產業集群發展的必然性　225
第二節　中國航空工業發展歷程　228
第三節　典型航空工業產業集群發展的經驗與啟示　234
第四節　航空工業產業集群發展的對策建議　240

參考文獻　243

附件　249

附件A　關於加快吸納優勢民營企業進入武器裝備科研生產和維修領域的措施意見（裝計〔2014〕第809號）　249

附件B　國防科工局關於促進國防科技工業科技成果轉化的若干意見（科工技〔2015〕1230號）　254

附件C　西南國防科技成果產業化促進中心的建設方案　260

第一章　國防科技產業集群的概念

國防科技產業是現代經濟體系的重要組成部分。國防科技產業集群發展不僅是國防科技產業結構升級的重要推手，更是塑造經濟增長新動能、促進區域經濟協調發展的有力槓桿。

第一節　國防科技產業概述

一、國防科技產業概念

國防科技產業是由提供國防產品或服務的企業構成的一個龐大的產業類別。從構成來看，國防科技產業主要包括兵工、艦船、航空、航天、核工業和電子信息等產業，其核心主體為軍工企業，主要提供武器裝備。順應世界國防科技產業的發展趨勢，中國鼓勵軍工企業開發軍民兩用技術和進行民品的生產，因此現代國防科技產業兼顧軍用和民用技術及產品發展。

中國歷史上經過幾次國防科技產業的調整，最終在中西部形成了國有大中型軍工企業積聚區。雖然可以將其稱為「準產業集群」，但是這種集群並非在市場主導作用下、企業自發形成的，而是在政府指令下形成的。在集群之中軍工企業是核心龍頭，但是國防科技

產業的資源優勢和科技優勢尚未得到充分發揮，國防科技產業與區域國民經濟的融合效應尚未充分顯現。

二、國防軍工需求特徵

買方壟斷是國防工業市場最基本的特徵。在國防工業市場中，軍隊是唯一的買家，軍隊的需求直接決定國防工業的市場供給與需求，進而影響軍工市場或企業的規模、結構、市場價格與利潤、技術水準等。國防軍工需求具有如下特徵：

（一）軍工產品需求的非均衡性

這種非均衡性受兩方面因素的影響。一方面，武器裝備的週期性直接形成軍品採購的週期性，這一週期性直接影響軍品生產成本。雖然這一週期隨技術更新換代加速呈現縮短趨勢，但相對於一般產品而言其週期還是偏長。另一方面，軍工產品的需求量受國際形勢顯著影響，需求量和平時期少、戰爭時期激增特點明顯。這種非均衡性往往使得國防科技產業生產能力出現起伏波動。

（二）先進性和保密性的要求

國防事關國家安全，軍隊在國防中地位和作用特殊，這對國防工業有著非常高的先進性和保密性要求。以向軍隊提供盡可能先進的武器裝備為首要任務的國防工業，為應對現代戰爭發展的態勢，勢必集中了國家最為高精尖的科技和最先進的生產條件。出於安全考慮，軍工產品的品類、數量、參數和質量都有非常高的保密要求。這種保密要求就將很大的民品市場拒之門外，因為大規模、大範圍

的市場採購方式嚴重不適合軍工產品或服務。

(三) 軍品生產的高度專用性

軍工產品生產具有高度專用性的特點，是由兩方面的因素決定的。一方面是由武器裝備的專用性決定的，因為不同用途的武器裝備其類型也是不一樣的，這是其本身的專用特性，是其他武器裝備所不能替代的。另一方面是由軍工科研生產體系體制決定的，因為在國防科技產業體系內部，不同的科研單位、生產單位，即使是針對同一種武器裝備產品，各單位的標準、制式也是存在很大差異的，所以各自的產品相互之間互換性、通用性很差，也很難實現相互替代。

三、國防科技產業特徵

國防軍工需求以及軍工產品的特殊性，使國防科技產業呈現出與一般民用產業不同的特徵。

(一) 技術密集、資本密集

一方面，國防的核心是軍事技術優勢。現代化的戰爭需要現代化的武器裝備，現代化的武器裝備的技術性能尤為重要，特別是質量、性能等方面的要求。因此，各個國家在技術研發上都不遺餘力地增加高密度投入，將現代技術研發的成果轉化為國防科技產品，從而支撐軍事強國的領先地位。另一方面，技術研發需要巨額的資本投入。國防科技產業為了實現科技領先，必須在研發、高素質人才甚至基礎科研領域等方面投入巨額的資金。同時受行業特殊性影

響，國防科技產業投資效益與週期難以衡量，一般商業性投資只能望而卻步。這種巨額投資只能靠政府直接投資，或通過軍品採購訂貨和補貼等方式間接鼓勵投資。

（二）市場結構獨特

國防科技產業呈現一種介於完全競爭與完全壟斷之間的市場結構，其中以壟斷為主同時又具有市場因素。軍隊、企業和政府構成國防科技產業的市場主體。軍隊是市場需求主體，企業是市場供給主體。按核心業務不同，企業又可以分為軍工企業和一般企業。前者的核心業務是提供特定軍工產品或服務，後者可能會有軍工產品訂單，但是核心業務是提供民用產品或服務。國防科技產業中，各個國家的普遍現狀都是少數大的軍工企業控制著核心軍品的供應。而政府在國防科技產業中扮演著戰略策劃者和宏觀調控者，以及市場投資主體的多重角色。一方面制定國防科技產業的戰略發展規劃、宏觀決策，並進行市場調控、監管；另一方面既是軍隊軍工產品或服務的需求方全資主體，又是提供軍工產品或服務的各類企業的投資主體。

（三）生產能力相對過剩

國防工業的特殊性要求其保持相對過剩的生產能力。這不僅是常規的武器裝備週期性需求，更是國防工業必須能夠隨時轉入戰時，有隨時能夠適應備戰的應急反應能力的要求。這樣才有可能在緊急情況下快速生產出軍隊所需的武器裝備。這種條件下的需求可能具有品種繁多、數量龐大、性能優異、質量優良等特點。要滿足這些

特殊的要求，國防科技產業就必須保持相對過剩的產能，從而保證一定的生產能力儲備。

(四) 面臨封閉與開放、壟斷與競爭、計劃與市場等兩難選擇

國防科技產業的首要任務就是提供軍品或服務，國防軍工需求的保密性也對軍工企業的各個環節有著非常高的保密要求。政府在國防科技產業中既要管理需求，又要管理供給。需求方軍隊既需要穩定供給，又需要穩定預算。供給方企業則只需要穩定生產，不需要穩定市場。由此看出封閉和計劃的特徵明顯。然而，國防資源有限，軍工產品要求又高，就必須打破封閉和計劃模式。一方面調動社會資源參與軍事產品的技術研發與生產，以市場手段促進產業發展；另一方面軍工企業需將部分生產力投入民品生產，以解決生存和發展問題。所以封閉與開放、壟斷與競爭、計劃與市場間的最佳平衡，是各個國家的國防科技產業都在不斷探索的問題。

(五) 軍民兩用性

國防科技產業在和平時期和戰爭時期對武器裝備等軍品的需求量不同，在研發和生產上的側重也不同。和平時期軍品需求量小，生產力量難上規模，效益難以維持人員和生產線的需要；戰時軍品需求量大，科研生產能力短時難以滿足要求。因此從國防科技產業生存發展角度來說，需要在國防科技產業中建立軍民雙向轉化機制，以使國防科技產業不僅能夠同時滿足平時和戰時的需要，而且又能得到更好的發展。從技術層面來講，民用技術與軍用技術緊密相關，而且有很多重合的部分，所以兩者有統一的、共同的知識基礎，雖

然在形式上有一定程度的不同，但並不是本質上的不同。所以現代國防科技產業有很強的軍民兩用性。

第二節　產業集群的概念

一、產業集群的含義

產業集群是在一定區域範圍內，圍繞某個或幾個產業，一些相互關聯的企業和機構分工協作而形成的產業空間集聚。產業集群可能以某一家或若干家大型企業為核心，其他企業進行配套，加上一些仲介機構、金融機構、科研機構等，這些主體在資源、技術、信息交流與合作中形成相對穩定的網絡組織。北京的中關村、美國的硅谷以及英國的劍橋等高科技產業園區就是產業集群的典型代表。

產業集群是在某一地理區域內的相關產業的企業、支撐性機構和服務組織集聚而成的網絡化組織，其本質上是一種企業中間組織。產業集群中的企業為了提升自己的核心競爭優勢，與其他企業建立起專業化的分工協作關係。產業集群中的企業在地位上並非完全平等。由於各自掌握的技術、產品等資源不同，掌握更多資源的企業處於主導地位，在分工協作中對其他企業產生各方面的影響。產業集群內相關主體的合作關係通常由顯性契約或隱性契約維持，前者主要指的是白紙黑字的法律條文，後者指的主要是非正式的社會控制、協調機制，如聲譽、信用和傳統文化等。顯性契約和隱性契約相輔相成，使得相關主體能夠建立穩定的信任關係，進而使各主體之間能夠長期合作和風險共擔。產業集群是一個動態演進的組織實

體，這種組織既比市場穩定，也沒有科層組織那樣僵化，因而是一種富有競爭力的組織形式。

二、產業集群的特點

（一）同一性

一般認為，供應商、成品商、銷售商、仲介服務機構和規制管理機構是產業集群的五大相互作用的行為主體，都在特定區域聚集。而且大部分圍繞統一產業或緊密相關產業，或有限的幾個產業從事產品研發、生產、銷售等一系列活動。同一區域內的這種聯繫產生的外部經濟給產業集聚帶來可能。

（二）專業性

產業內的企業之間具有某個或某幾個共同的或相似的、顯著的產業特徵，企業之間專業分工不同。這些企業之間的專業化特徵使得集群內企業與企業之間、企業與服務性機構和行業組織等之間均產生緊密的聯繫，從而有助於促進集群內各企業相互信任，交易成本費用會降低，交易不確定性也會減少，有助於發揮集群顯著的規模優勢。

（三）共享性

產業集群內各企業會在各種網絡層面上進行合作，包括企業生產要素市場網絡、技術信息網絡、區域創新網絡等。企業之間可以是正式的網絡關係，也可以是非正式的網絡關係，它們通過貿易或

非貿易建立互動從而實現信息和資源的共享，這種共享進而形成知識溢出效應，加速知識的更新，最終推動集群的創新發展。

（四）區域黏性

產業集群的建立可能以地方文化或企業家精神為基礎，以傳統優勢產業為基礎，或以地方性資源為基礎。這些都是與地理位置密切關聯的。同一區域內文化或價值觀一致或相近使得企業之間容易形成一種特殊的信任和依賴，這是產業集群建立的良好前提。產業集群化發展是區域發展的重要戰略之一，產業集群能夠成為區域品牌和企業品牌成長的重要載體，而區域品牌和企業品牌又會吸引企業進駐，進一步推動產業集群發展，增強區域競爭力。

第三節　國防科技產業集群的特點

國防科技產業集群從形式上來說是軍民兩用技術產業及相關支撐機構聚集發展，這個集聚以軍民兩用技術為核心優勢，目的是利用一定的知識和技術平臺，促進兩用技術研製、交流、成果推廣及應用，最終服務於國防經濟和地方民用經濟發展。國防科技產業集群通過協同國防工業和民用工業，發揮產業集聚效應和聯動效應，從而實現兩用科技規模化和產業化。國防科技產業集群是政府政策引導的結果，也是產業自身發展的趨勢。國防科技產業集群除了具有一般產業集群的特徵之外，還有自身的一些特點。

一、空間集聚效應

國防科技產業集群相關主體在一定區域範圍內聚集並建立起密切聯繫。這些主體一般包括生產企業、零部件供應商、銷售商、仲介機構、管理機構以及其他的支撐性機構等。其中，生產企業主要負責生產最終的軍品；零部件供應商是向生產企業提供相關零部件的企業；銷售商負責生產企業生產的最終軍品的銷售；仲介機構是向生產企業、零部件供應企業、銷售企業幾方提供相關信息、技術等服務的機構，如物流、行業協會、科研機構、金融保險、教育培訓等；管理機構一般是地方政府、技術檢測部門或監督部門，其主要功能是為產業集群服務。國防科技產業集群相關主體的地理位置相對集中，更容易建立起產業鏈上的合作和分工，從而為企業節省不少經營成本和搜索成本，以及運輸成本和交易費用等。

二、產業關聯效應

國防科技產業集群的相關主體除了地理位置相對集中外，還有一個顯著特點就是技術關聯性強。國防科技產業集群的相關主體在分工協作過程中建立關聯，交換和傳遞技術信息、生產要素市場和區域創新等方面的資源，進而建立起緊密的相互信任的關係和穩定的合作關係。此外，由於軍工產業鏈趨向開放，民參軍程度逐漸增強，國防領域的資源投入將會更容易撬動產業鏈上下游民用經濟領域規模的擴張。如此一來，軍工產業投資就產生了乘數效應，區域社會經濟資源的利用率得到提高，產業鏈得以延伸，產業集群的競爭力和創新力得以增強。

三、地方根植性

地方根植性是相關主體集中處於一定的區域範圍之中，具有相同或相近的傳統文化、宗教習俗以及其他各種制度規範。因此，在相似的文化背景下，集群中的各種主體更容易形成高度的信任關係和安全感，這能夠在很大程度上避免陌生交易中可能出現的各種問題，降低一定的交易風險。地方根植性強調的是同一地理區域內基本一致的語言、知識、道德規範、風俗習慣和價值標準，這會大大增強區域的凝聚力，從而提升產業集群的競爭優勢，進而促進區域經濟可持續發展。國防科技產業集群同樣建立在地方根植性的基礎上，相關主體頻繁交流互動進而建立起充分的信任關係和依賴關係，有力推動國防科技產業集群的發展。地方根植性強調集群作為一種區域發展戰略模式的內力作用，這是其他競爭對手難以複製的優勢，它與產業集群的對外聯繫並不矛盾。

四、技術外溢效應

國防科技產業集群匯集了高精尖技術，但軍地之間存在技術視差。隨著「軍轉民」「民參軍」的推進，軍工產業的技術必然會發生轉移與擴散。在產業集群內，既存在主體之間的交流聯繫，也有企業和個人的學習行為。基於這些相互交流學習，產業集群內的技術知識差距得到一定程度的縮小，整個產業集群的總體創新能力和競爭優勢會得到提升。技術外溢效應不僅發生在國防科技產業集群內部，而且會發生於產業集群外部。因此，一方面產業集群的相關主體要注意知識產權的保護，加大研發投入；另一方面要提高技術

知識的轉化利用能力、效率和水準，同時要逐步降低對外部技術的依賴。

五、財政依賴效應

軍工產業是一國國防建設和經濟發展的關鍵支柱產業。在軍工產業的發展中，政府既是管理者，又是產品的買家和投資人。因此軍工產業有其他產業所不具備的先天財政優勢，政府對軍工產業的任何投資都能證明這種優勢。而國防科技產業集群將相關的軍工企業和機構集聚在同一區域內，更加放大了軍工產業的財政優勢。因為政府就可以對國防科技產業集群區域內的基礎設施、教育科技等無形投入集中政府財政力量實現，還可以通過一系列的稅收優惠等政策對軍工企業及上下游企業進行激勵。這種財政優勢是國防科技產業集群發展最有利的因素，是其他地方產業集群不能相比的。政府對軍工產業的投資其本質就是中央財政轉移支付，這對於該區域吸引財政投資和爭取政策傾斜支持，從而進一步促進國防科技產業集群以及區域經濟社會發展具有重要意義。

第二章　國防科技產業集群發展的理論分析

產業集群發展是產業發展壯大的重要形式。產業集群發展的理論基礎包括產業經濟學理論、制度經濟學理論和區域經濟學理論等。本章用這些理論對國防科技產業集群發展進行分析，尋求理論支撐。

第一節　產業集群發展產業經濟學分析

一、集群經濟理論

20世紀90年代，新競爭經濟理論學家邁克爾·波特提出了波特菱形理論（鑽石模型）。菱形理論列舉了企業獲得競爭優勢的四個核心因素：①生產要素，②需求條件，③企業戰略、結構和同業競爭，④相關支持企業。再加上政府和機遇等其他外部條件對四大核心要素的影響，產業發展才能形成整體競爭優勢。同時波特指出競爭是企業發展壯大的重要條件，也是產業集群競爭力提升和地區競爭力提升的重要條件。因此，波特將產業集群定義為特定行業或領域內相互聯繫的公司、機構在一定的地理位置上集中，通過競爭促使各公司、機構不斷獲得創新機會和競爭優勢。

二、新產業區理論

馬歇爾將最早的工業集聚稱為「產業區」，從外部經濟的角度闡述了工業集聚形成的原因。從20世紀70年代開始，新產業區理論開始興起，其理論的核心是「柔性專業化」和「區域創新環境」[①]。其中柔性專業化通過產業區內各企業靈活的機制、分工的專業化提升各企業的協調創新能力以滿足個性化的生產需求，形成柔性綜合體。而區域創新環境是產業區發展的重要條件，區域創新環境一定程度上根植於地區特定的社會文化環境，從而穩固各企業之間的經濟關係、社會關係、員工個人關係等。其後部分學者在區域創新環境的基礎上提出了「區域創新網絡」，通過核心企業與關聯企業、政府、研究機構、高校等之間形成的合作創新網絡，以及地區文化環境的打造，促進區域創新不斷發展。

三、國防科技工業集群發展的產業經濟學解釋

不論是集群經濟理論，還是新產業區理論，都強調產業集群是在一定要素條件下，通過政府和市場共同驅動，形成一定規模的企業群。其特點為：①企業集聚而形成的高度專業化分工；②一定區域範圍內與核心企業相關配套、服務、科研等企業結網；③隨著集群發展，越來越根植於本區域；④其行為主體具有相對獨立性和不可或缺性，主體間具有對稱關係。從中國國防科技產業發展看，其

---

① 王發明，周穎，周才明. 基於組織生態學理論的產業集群風險研究 [J]. 科學學研究，2006（S1）：79-84.

核心企業往往是在政府主導下進行佈局，經歷過「三線建設」的細化和分散佈局，也經歷了改革開放後國防工業佈局調整，鼓勵軍工企業之間的集中和協作，為集群化打下較好基礎，近年來更是明確提出集群化的發展思路。有了這個思路的改變，國防科技核心企業在政府的支持下，往往會選擇一些工業基礎好、要素齊備的區域進行遷移。一旦大型的核心國防科技企業加入，往往會獲得地方政府的支持，區域內配套製造企業、配套服務企業、仲介機構、教育培訓機構甚至高校就很快加入。在產業要素驅動下，一個完整的國防科技產業集群就形成了，並不斷壯大。

第二節　產業集群發展制度經濟學分析

一、外部經濟理論

新古典經濟學代表人物阿爾弗雷德‧馬歇爾在《經濟學原理》一書中提出外部經濟的概念，並用於分析組織形式的「經濟特性」。外部經濟是企業聚集而產生的，他把集群產生的外部經濟或利益具體歸結為三個方面：第一，企業聚集形成了知識信息的溢出和創新的環境，在集群中行業的秘密不再是秘密，而似乎公開散發在空氣中；第二，企業聚集有利於共享的非貿易投入品和服務行業的發展，生產最終產品的企業聚集可以為輔助企業的產生和高價機械的使用提供條件；第三，企業聚集促使具有專業技能的勞動力市場的形成，節約了雇主和勞動力之間的相互搜尋成本。馬歇爾還注意到了聚集給顧客帶來的便利，專業化的生產區域容易受到經濟蕭條更大的影

響。隨後，有學者又提出了技術外部經濟和貨幣外部經濟，他們都承認外部經濟是產業集群的產生原因和重要結果。

由此可見，產業集群外部性特徵主要包括基於知識集中與外溢的技術外部經濟和基於市場聯繫的外部貨幣經濟，即技術的外部性和市場的外部性。

技術的外部性強調集群成員在生產函數（技術）上的相互依賴，表現為集群內知識的溢出，包括技術知識、技術訣竅、需求信息、供給信息、經營經驗等知識的溢出。技術外部性還表現為模仿創新在集群內具有普遍性，企業創新利益不能完全被創新者獨占，還會溢出到集群內的其他成員中。

市場的外部性強調集群成員在市場上的相互依賴，產業集群具有信息集聚功能，從而使集群內部的企業分享信息方面的外在經濟效益。這種效益主要表現在集群內匯集了主導產品及其相關中間產品的供求、成本、價格、技術、質量、款式和品種等大量的市場信息，同時匯集了專業化供應商和專業化服務提供者的相關信息，使集群內各主體快捷地瞭解到市場行情的變化，節約了搜尋市場信息的費用。

二、組織生態學理論

組織生態學方面的研究認為，新組織形式的出現首先是個別企業流程創新的成功產物，而這種成功的經驗通過交流和反饋得以在環境中不斷擴散，一旦它達到某個臨界規模的公眾支持，就會導致新的技術範式對原有技術範式的取代，並對市場結構產生顯著影響，導致所謂市場創新。當新的組織形式在整個環境中獲得充分擴散之

後，系統中舊的規則被拋棄，新的慣例取而代之，於是便實現所謂制度創新。新的範式又將在今後的一段時期保持相對穩定，與之相應的組織形式因而得以維持。①

產業集群是生產方式的變遷，即生產方式由組織內部圍繞單一或特定幾種產品的生產而進行的協作外化為組織之間的協作，而這種組織之間的協作產生的影響有：使產品的生產環節加長，產品構成的部件更加豐富和多樣，生產單位間的關係變得更加複雜和緊密，區位因素的作用可能弱化而市場因素強化，空間因素對部分產品的作用被加強或弱化。②

三、國防科技產業集群發展制度經濟學解釋

從制度經濟學看，不管是外部經濟理論還是組織生態理論，組織的技術、市場都具有外溢性，但一個組織有了創新的知識或新的技術範式，成功的經驗就會通過交流和反饋很快在環境中不斷擴散。在國防科技產業發展中，往往因為各區域內企業間具有信息的集聚功能，各企業得以分享信息方面的外在經濟效益，這種外溢性又會導致組織生產方式變遷，生產方式由組織內部圍繞單一或特定幾種產品的生產而進行的協作外化為組織之間的協作，這就產生了國防科技產業集群。研究國防科技產業集群化過程，有個特點是軍工企業大多是自我配套，處於「大而全」「小而全」的狀態，大量「小

---

① 王發明，周穎，周才明. 基於組織生態學理論的產業集群風險研究 [J]. 科學學研究，2006（S1）：79-84.
② 彭憶，陳彥博. 產業集群理論與湖南經濟崛起 [J]. 邊疆經濟與文化，2006（11）：32-34.

而全」的企業聚集在一起，很容易形成一個產業集群雛形。這雖然在一定程度上阻礙了產業鏈的延伸和集群自我發展能力的提升，但這種聚集本身就是一個微型的產業集群。當進行國防科技企業改革時，引入市場化，組織邊界一打開，很快就會煥發出新的活力，在原有基礎上進行組織形態改革，再加上外來力量的進入，不斷兼併、併購，一個成規模的國防科技產業集群就形成了，並很快發展。

第三節　產業集群發展區域經濟學分析

一、產業區位理論

產業區位是指資源在地理空間上的配置、構成及其關聯性。一定的產業區位的形成是多種複雜因素綜合的結果，包括經濟、人文、社會、政治、地理、歷史等。① 1991年，克魯格曼開創性地借鑑了張伯倫的壟斷競爭思想和迪克西特-斯蒂格里茨模型②，構建其以壟斷競爭和規模報酬遞增為基礎的新經濟地理理論，使區位問題進入了主流經濟學研究的視野。③ 區位問題研究，分為新古典、行為主義和結構學派。這三個流派在主體經營活動中的行為、動機和目標，經濟體系是否具有同一性或差別性，區位決策怎樣與企業的其他重要決策和生產經營過程相組合的問題上都具有不同的看法。④

---

① 楊治. 產業政策與結構優化 [M]. 北京：新華出版社，1999：128.
② DIXIT A, STIGLITZ J E. Monopolistic competition and optimum product diversity [J]. American economic review, 1977 (67): 297-308.
③ 李茗芳. 近20年來產業區位的研究進展 [J]. 亞熱帶資源與環境學報，2007 (2): 86-93.
④ 陳秀山，張可雲. 區域經濟理論 [M]. 北京：商務印書館，2004：25-101.

(一) 古典區位論

古典區位論採用傳統的演繹方法，以產業的空間佈局為核心，對經濟活動的空間分佈和空間聯繫進行考察，尋找利潤最大化的區位，也就是尋找收益與成本之間差異最大的區位。古典區位論又分為農業區位論和工業區位論。

農業區位論是對運輸費用最小的農業最佳佈局的思考。如杜能 (J. H. von Thunen)[①] 分析過，在一個區域內存在分散的供給和一個集中的需求。杜能模型中，土地要素對分散的農業生產具有重大意義，在同一集約程度下，農業收入與運輸距離成反比——距離越遠，利潤越少。

工業區位論是對工業運輸成本最小化的廠商最優定位問題的思索。如 1909 年韋伯出版的《工業區位論》，從經濟區位的角度，選擇了生產、流通、消費三大經濟活動基本環節的工業生產活動作為研究對象，通過探索工業生產活動的區位原理，試圖說明與解釋人口地域間大規模移動以及城市人口與產業的集聚機制[②]。

(二) 行為科學派

行為科學派利用歸納的方法，採用階梯式區位決策、把特別重要的因素加以集中、尋找令人滿意的區位的啓迪方式，研究區位決

---

① 約翰·馮·杜能. 孤立國同農業和國民經濟的關係 [M]. 北京：商務印書館，1986.
② 孫吉樂，張飛霞. 區域經濟學理論研究文獻綜述 [J]. 財會研究，2017 (10)：65-68.

策的過程，如施梅內爾（R. W. Schmenner, 1982）①、普瑞德（A. Pred, 1972）② 的研究就屬於此類。行為科學派認為，一個企業擁有和利用的信息取決於企業同外部環境聯繫的程度和特點，大企業比小企業的區位決策具有更高的合理性。新古典學派認為行為科學派帶有折中的目的，而結構學派則認為行為科學派集中於單個企業的區位選擇而忽視了與整個國民經濟的聯繫。

（三）結構學派

結構學派對針對單個企業、缺乏整個國民經濟與社會發展過程的分析的方法和觀點提出了批判，他們認為區位條件不是一成不變的，而是社會生產和再生產過程中被「生產」出來的，是社會發展的結果。結構學派的觀點是，勞動力要素在區位條件中具有決定性作用。

二、新經濟地理理論

新產業空間理論、新經濟地理學和新產業區理論都是在產業區位研究中出現的。③④

克魯格曼（Krugman）⑤ 在一般均衡模型下討論了空間經濟問

---

① SCHMENNER R W. Making business location decisions [J]. Englewood Cliffs: Prentice Hall, 1982: 23-27.
② PRED A. Behavior and location. Foundations for a geographic and dynamic location theory. Part 1 [D]. Lund: University of Lund, 1972.
③ 顧朝林，王恩儒，石愛華，等.「新經濟地理學」與經濟地理學的分異與對立 [J]. 地理學報, 2002, 57（4）: 497-504.
④ 李小建，李慶春. 克魯格曼的主要經濟地理學觀點分析 [J]. 地理科學進展, 1999（2）: 3-8.
⑤ KRUGMAN P. Increasing returns and economic geography [J]. Journal of political economy, 1991（99）: 483-499.

題，結合空間經濟的傳統思想——城市經濟學、區域經濟學、經濟區位論並以規模報酬遞增導致的不完全競爭市場結構為假設，開了從地理角度研究區域經濟學問題的先河，完整地闡述並建立了產業集群理論新模型。以規模報酬遞增、不完全競爭的市場結構為前提，在 D-S 模型基礎上加入勞動力流動與要素報酬之間的累積因果關係，即勞動力越集中的地方由於壟斷競爭的特性，其要素報酬越高，從而越吸引勞動力的集中，如此便可以解釋產業集群的形成。① 克魯格曼（1991）建立了中心—外圍模型，認為兩個對稱的區域會分別發展成為核心和周邊區域，從而揭示了經濟地理聚集的內在運行機制。②

Martin（1999）③ 將「新經濟地理學」劃分為兩個重要的主題，即經濟活動和經濟增長的「空間集聚」和「區域集聚」。研究方法主要是採用數學定量分析，將現實中的現象高度抽象化、模型化，建立了大量的數學模型。這些模型包括：中心—外圍模型、國際專業化模型、全球和產業擴散模型、區域專業化模型及歷史和期望對區域發展影響的模型等。

藤田昌久（Masahisa Fujita）④、克魯格曼與安東尼·J. 維納布爾斯（Anthony J. Venables）1999 年出版的《空間經濟學：城市、區

---

① 陳柳欽. 基於新經濟地理學的產業集群理論綜述 [J]. 湖南科技大學學報（社會科學版），2007（3）：42-48.
② 安東尼·範·阿格塔米爾，弗雷德·巴克. 智能轉型：從鏽帶到智帶的經濟奇跡 [M]. 徐一洲，譯. 北京：中信出版社，2017.
③ MARTIN R. Critical survey. The new 『geographical turn』 in economics: Some critical reflections [J]. Cambridge journal of economics, 1999 (23): 79-87.
④ FUJITA M. A monopolistic competition model of spatial agglomeration: Differentiated product approach [J]. Regional science and urban economics, 1988 (18): 87-124.

域與國際貿易》，被視為不完全競爭與收益遞增革命的第四次浪潮，它為人們研究區位理論和解釋現實經濟現象提供了新的視角和方法。

2001 年 Brakma 等人出版了《經濟地理導論：貿易、區位與增長》，2003 年 Baldwin 等人出版了《經濟地理與公共政策》。歷經近 20 年的長足發展，新經濟地理學理論體系逐步完善並趨於成熟。

三、國防科技產業集群發展區域經濟學解釋

區域經濟學理論告訴我們，區位優勢更有利於聚集各種要素，包括市場、信息、人力資源等，運輸成本和生產要素流動在市場上相互作用，從而導致產業集群。規模收益遞增、生產要素流動、運輸成本降低，是產業集群產生的三個主要因素，這給區域中的組織帶來規模報酬遞增而導致的不完全競爭市場結構。產業集群深化了要素集聚所產生的外部規模經濟，並通過產業群內部的分工、協作帶來競爭優勢。產業集群的增長效應體現在：規模經濟的總成本降低，無形資產存量增加，專業分工深化。這一理論能夠很好地解釋中國國防科技工業產業集群過程、特定的區位優勢，說明優質的生產要素如何向該地區流動、生產地和市場如何緊密連接從而形成獨特的國防科技產業集群。比如，長三角船舶工業利用其傳統的造船工業基礎，良好的江河、海洋碼頭和工業基礎，吸引了各地造船人才、技術、資金等大量要素流入該地，很快就發展壯大了該地區的造船產業集群。

第三章　國外國防科技產業集群發展情況

國防科技產業集群化發展已經成為世界各國的共同戰略選擇。隨著時間的推移，產業集聚與產業競爭力之間的關聯逐步加強。同時，不同國家國防科技產業集群的形成與發展具有一定的歷史特殊性和國家差異性。本章將在系統梳理國外典型的國防科技產業發展模式之後，再針對其產業集群發展模式進行總結和歸納，以期對中國國防科技產業集群化發展有一定的借鑑意義。

第一節　美國的「軍民一體化」

為解決國內國防科技產業發展的諸多問題，美國針對自身國防工業發展的不同階段採取了不同的發展模式、戰略和決策，通過靈活的政策和規劃推進產業集群發展。

一、統一技術標準

為消除國內國防產業發展的技術障礙，打破國防工業和民企之間由於不同的技術、規範標準、經營策略、生產方式等因素形成的技術標準壁壘，美國在政策、法律上採取了一系列措施不斷推進軍

用標準改革等。這一階段的主要政策包括：1992年，美國發布《國防工業技術轉軌、再投資和過渡法》，提出打破國防工業與民用工業技術、標準、經營策略、生產形式等差異形成的壁壘，以構建軍品和民品並舉的、統一的工業基礎；1993年，美國克林頓政府提出「構建軍民統一的工業基礎」；1994年，美國國防部推進軍用標準改革，使民用技術更好地服務於軍用標準，改革後，按照規定，非政府標準和民用項目在美國軍用標準中所占的比例由25%上升至59%。

二、推動軍民企業間的技術轉化

在消除技術障礙的基礎上，不斷推動國防工業企業與中小民營企業之間的技術相互轉化，通過鞏固和改善軍民兩用技術共享基礎和條件，對具備創新能力和市場活力的中小民企加以引導，讓其參加到兩用技術的轉化與開發過程中，進一步推動國防工業企業和民企之間的技術協同發展。1995—2003年，美國先後制定了鼓勵軍民兩用技術的開發、轉化、應用等相關政策，同時制訂了民營企業創新計劃，引導中小企業進入國防領域。這一階段的主要政策包括：

1995年，美國發布的《兩用技術：旨在獲取負擔得起的前沿技術的國防戰略》提出了關於軍民兩用技術發展的3項要點：對軍民兩用關鍵技術進行開發投資；加大民用技術和軍用技術之間的融合與轉化，更多在民用領域使用先進的國防科學技術，以技術促進民用產業的發展；加大民用先進技術、資源在國防軍隊中的應用，將「為兩用而設計」的思想貫徹到新型軍事系統的開發中。

2000年，美國國防部實施「小企業創新研究計劃」，面向小型科技企業，投資10.79億美元，引導中小民營企業積極參加到國防

科學技術的研發、應用、轉移轉化和產業化發展過程中。

2003 年，美國發布《國防工業基礎轉型路線圖》，提出打破國防工業中主承包商的壟斷壁壘，給予擁有創新能力和創新優勢的中小企業更加公平的參與機會，營造更加公平的市場環境。

三、加強軍民互動和科研生產資源及基礎的共享

經過之前相關政策和措施的推進，美國軍民一體化進展的阻礙因素不斷減少，發展較為順利，形成了國內軍民技術研發成果轉移轉化的流程機制。因此，自 2007 年以來，美國不斷加強對國防經濟發展的重視，強化了市場競爭和軍民技術的開發合作，在相關實施領域進一步完善兩個市場互動的相關政策，面向更廣泛的國家科技基礎進一步深度尋找適用的技術。這一階段的主要政策包括：

2007 年，美國發布《國防研究與工程戰略》，提出建立作戰部隊、國防採辦部門、工業界和學術界之間的合作夥伴關係，將技術優勢轉化為軍事能力優勢。《2009 年國家國防授權法案》提出，要對國防部監督管理的技術轉移項目，以及各軍種的技術轉移項目的資金使用情況、實際效果等進行評估，建立起項目各參與單位的技術等合法權益的標準。

2011 年，美國新版《國家軍事戰略》發布，明確了軍事能力建設的新思路和新重點，將空間、網絡和情報監視偵察作為軍事能力建設的重點，強調軍事能力建設的經濟有效性，並首次明確要求「確保國家工業基礎能夠滿足部隊所需能力和裝備規模」。同年發布的《美國國防工業基礎需要維持關鍵領域》強調了美國國防工業領域的市場競爭，針對競爭不足的問題提出在基礎關鍵領域加強能力

建設，引入市場競爭機制，改變過去承包商的壟斷行為，給予分承包商更多的競爭機會。

此外，《總統備忘錄——加速聯邦實驗研究的技術轉移和商業化以支持高速增長的商業》做出了促進技術轉移、支持私營部門的商業化等一系列指示，並提出了3項措施對技術轉移進行戰略調整。

2012年，美國發布了《基礎研究》報告，針對軍隊現有基礎科技研究的項目情況，明確了優先發展的6個基礎研究領域，並建議未來進一步加大人才培養力度，加強對新興科技的評估。同時指出國防部在研發過程中應充分信任現有非傳統、非國防資源領域的先進優勢科技創新技術成果，將其轉化和應用到相關國防軍事領域。

同年，美國出抬了《2013—2017未來5年國防部技術轉移戰略與行動規劃》。該規劃將完善技術轉移績效評價指標作為調整技術轉移戰略的一個重點，核心是強化技術轉移的綜合盈利能力並促進經濟的增長。

2013年發布的《2014財年國防預算優先項目》《保持2030年優勢技術與創新》《游戲規則改變者——顛覆性技術與美國國防戰略》闡釋了「下一代技術」項目的相關概念和趨勢，提出將重點發展賽博安全、航天、情報與偵察、指揮控制與通信、工業基礎、能源等領域的技術與能力，明確了美國未來軍事發展的競爭關鍵能力以及可在2030年前投入使用的新興技術，以確保美國的技術優勢。

2014年，美國發布《更佳購買力3.0》（BBP3.0），提出要建立一個更加開放和模塊化的採購體系，能夠使工業界盡早地瞭解和掌握國防部的相關需求，並打破國防部採購商業產品、在全球市場上尋找先進科技的壁壘。

四、圍繞核心企業打造產業集群

以國防科技產業鏈為中心，與國防科技產品業務相關的一系列供應商、製造商、仲介機構、科研機構，圍繞核心軍工企業在一定區域內積聚形成國防科技產業集群。其中較有代表性的產業集群有：硅谷軍事電子產業集群，以坦克製造為主要業務的內陸大湖地區的城市群，以波音公司為核心的西雅圖航空產業集群，科羅拉多州泉城的外空戰複合體，以及覆蓋威奇托、聖路易斯、聖地亞哥等地的航空產業集群。

第二節　俄羅斯的「先軍後民」策略

一、「先軍後民」策略的由來

蘇聯解體後，俄羅斯繼承了蘇聯遺留下來的龐大的國防工業體系。為了優化產業結構，化解過剩的軍事生產能力，改變俄羅斯軍事經濟的畸形發展模式，在新的市場經濟條件下形成軍、民品市場的良好對接機制，保持國防工業科技創新和產業發展能力，俄羅斯政府啟動了大規模的軍轉民計劃。例如，在航天領域優先發展格洛納斯全球導航衛星、對地觀測系統等軍民兩用技術和產品，將一系列戰略彈道導彈、軍事通信衛星等軍用產品改裝成運載火箭、民用衛星等民用產品等。此外，許多航天企業還利用先進的材料和技術開展多元化經營，開發、生產了多種非航天領域產品。如生產液體洲際彈道導彈的總承包商馬克耶夫國家導彈中心擁有專門的民用產

品設計部門，其業務涉及消防、運輸、建築、石油加工、採礦、能源、醫療設備等行業領域；著名的「聯盟」號、「進步」號宇宙飛船和國家空間站艙段總承包商能源火箭航天集團也生產假肢、家用電器、電動車等民用產品。到 2011 年，俄羅斯航天工業中軍品與民品的生產比例約為 55：45，未來計劃進一步將該比例調整至 50：50。

二、武器現代化推動軍工企業轉型

2013 年 12 月，俄羅斯總統普京稱，目前俄羅斯國防部門正在經歷「前所未有」的擴張，但在國家資助減少後，軍用產品製造商或將面臨「規模過大、超出需求」的風險。國家將撥付 7,000 億美元維持現有武器裝備製造商的生產能力，最終日期將定格在 2020 年。在 2020 年以後，國防企業必須確保自身能夠實現轉型，根據國內和國外市場需求生產民用產品。俄羅斯副總理羅戈津稱，有必要制訂相關計劃，以推進這些軍工製造企業向民用產品生產企業轉型，例如掌握生產現代商業現貨產品的能力。

三、俄羅斯國防科技產業集群化的主要特點

（一）政府主導下的軍轉民

在 20 世紀 90 年代，俄羅斯國防科技產業發展的重點是推進政府主導的軍轉民。1993 年，《俄羅斯聯邦國防工業軍轉民法》規定由聯邦政府和地方政府財政預算提供國內軍轉民的發展資金。除此之外，國家也可以為引入軍轉民貸款和國際貨幣組織、金融機構的資金以及其他預算外資金作擔保。《2001—2006 年俄羅斯國防工業

改革和發展規劃》強調，在軍轉民和國防經濟轉型過程中，切實保障國防和經濟的發展，確保國防先進武器裝備的技術研發能力和生產能力。

（二）發揮國防工業的輻射和引領作用

2010年制定的《俄羅斯聯邦2020年前國防工業發展政策》提出：通過全方位的發展創新推動國防科技工業的發展，加強國防工業科研生產聯合體對國家經濟、技術、體制創新的引領；以軍民兩用技術相互轉移轉化的成果實現國內工業技術研發製造優勢和工業社會生產的多元化；加強對知識產權成果的保護；完善國防工業技術商業化或產業化和軍民兩用技術經濟領域創新技術成果之間轉讓激勵機制；在技術、產品、服務、市場領域加強和完善國家國防工業企業機構戰略性引導作用和影響機制。為促進軍事專用和軍民兩用高科技產品的發展和創新，2012年俄羅斯發布了《先期技術研究基金會法》，該法明確了俄羅斯在突破性高風險技術研究領域的主要發展方向。2014年，俄羅斯頒布了《關於武器、軍事和特種技術與裝備國防訂貨管理和控制的若干問題》法令，提出了優化對國防工業的管理、提升有關管理部門的決策效率和執行力等要求。

（三）政府是主導俄羅斯國防科技產業集群形成和發展的主要力量

在蘇聯時期，俄羅斯就非常重視區位集中分佈，俄羅斯國防科技產業的聚集區主要包括中央聯邦區、伏爾加河沿岸聯邦區和西北聯邦區。這些集聚區的軍工占軍工企業總數的80%、總產值的64%、職工數的76%。俄羅斯政府制定了一系列政策來加快國防科技產業

集群化發展進程，例如股份制改造、「抓大放小」、合併重組等。除此之外，俄羅斯在軍工企業和民用企業之間建立有效的軍民互動機制，進一步打破軍民分割的體制機制，實現技術研究、產品設計、產品採購等的協作分工。

第三節　其他國家的國防科技工業集群化

一、日本「以民掩軍」策略

二戰結束後，日本作為二戰戰敗國，軍事發展受到世界各國的抑制。為了發展本國的經濟和軍事力量，日本採取了「以民掩軍」的方式，即利用私營企業具有的較強研發設計能力開發軍工裝備。目前，日本國內的多數大型民營企業都是該國武器裝備研發和生產的主要力量。據統計，80%的日本國防裝備科研項目都來自民營企業的研究，民營企業的發展促進了日本國防力量的發展。因此，日本走的是以私營經濟和民用技術引領、支撐軍事技術和軍工生產的國防科技產業發展路子。

在「以民掩軍」策略下，日本國防科技工業發展呈現出了清晰的脈絡和鮮明的特點。

（一）鼓勵中小企業參與

日本採取具體措施發揮中小企業的作用，消除中小企業參與國防及軍工工業建設的障礙。例如，1990年，日本頒布《中小企業開拓新領域協調法》，要求企業主要產品、服務為軍品或為國防建設服

務的、擁有研發技術支撐和自主研發能力的中小企業做好分散訂貨管理，使國內諸多中小企業有更多的機會參與和獲得軍品訂貨，形成合理有序的競爭。

（二）鼓勵軍民之間融通和聯合

日本通過鼓勵軍民產業之間的融通和聯合，尤其是軍民科技成果相互轉換和應用推動國防科技工業發展。日本戰後特別強調民用技術的應用和轉化，充分發揮民用先進優勢技術的作用，鼓勵建立開放式的技術轉移轉化體制，實現軍民聯合發展。例如，2006年發布的《中期防衛力量發展計劃（2006—2009年）》提出：積極吸收產、學、官三方面的先進技術，發展和利用民用產品和民用技術；加強軍、民技術開發部門之間的交流與合作，促進科研成果相互轉化。

（三）注重技術研發機制的頂層設計

明確未來軍事技術發展的方向和發展重點，通過整合軍民之間的技術、市場、人才等要素資源，形成強大的國防科技研發能力，推動國防科技產業的發展。

2012年發布的《構築日本國防工業生存戰略》提出，國防機構和企業在技術裝備研發製造時注重軍民技術的通用性，大力發展軍民兩用技術，實現國防與民用技術之間要素互給、資源互補，使得各類資源要素間相輔相成。《2012日本防衛白皮書》提出，在軍民兩用技術開發上要注重開放式發展，完善國防技術研發機制。針對未來國防科技發展的大趨勢，識別國防領域發展的關鍵技術和關鍵

領域，通過對資源的有效、合理配置，保障國家科學技術的發展。

2014年，《國家安全保障戰略》《2014年度以後的防衛計劃大綱》提出，重點發展海空、太空、網絡等新型作戰域裝備，開展前沿軍事技術研究，制定裝備中長期研發規劃，與產業界和學界合作，促進先進民用技術轉軍用，以及軍民兩用技術的研發。

二、歐盟「國防與工業一體化」策略

歐盟在推進國防科技產業發展過程中，採取的主要策略包括：

（一）鼓勵軍轉民、發展軍民兩用技術和民參軍

從法國發布的《國防白皮書》、英國發布的《國防多種經營：充分利用國防技術》綠皮書來看，歐洲國家的「國防工業一體化」同樣注重軍民兩用技術的發展。通過政府、企業、科研機構聯合執行國家制訂的高新技術計劃，實現資金、技術、市場的互融互通，鞏固國家武器裝備和現代化軍事技術的研發生產能力。同時政府積極推動部分國防科技工業企業積極發展民用技術，提高技術通用性；加強國防科技成果在國民經濟中的推廣應用，鞏固國家製造體系和研發體系力量基礎；提高國家技術研發水準和業務製造水準，明確未來武器裝備發展方向和發展重點，以便更好地為武器裝備生產提供技術研發和生產服務，並以民用科學技術的力量為國防科技能力建設服務。

（二）加強國家國防與工業一體化建設

強化防務技術與工業基礎的一體化建設，同時不斷完善國防科

技產業關鍵政策、規劃等。

法國在《2003—2008年軍事計劃法》中重申鞏固工業與技術基礎，優先發展軍、民兩用技術。

2006年，英國頒布《國防部知識產權指南》，對國防研究開發過程中的知識產權歸屬問題做出了規定：國防部與承包商簽訂合同中產生的知識產權歸承包商所有，政府使用承包商用於商業用途的成果，應當支付提成費。

2007年，《歐洲防務技術與工業基礎戰略》提出有效整合歐洲國防軍事技術與工業基礎資源，歐洲防務一體化建設不是各國資源的簡單匯總，也不是對某一國國內軍事與工業技術的簡單疊加。

(三) 充分發揮中小企業的作用

歐洲多個國家提出，要面向廣泛的工業基礎領域，借助中小企業在產、學、研等科技攻關中的重要作用，採用民用現貨產品，大力鼓勵發揮中小企業在國防中的作用。

2007年，英國國防部《創新戰略》提出了實施創新戰略的五大支柱，包括：用需求引導創新；有效集成來自各方面的技術；改進商務模式；利用各方力量尤其是中小企業力量促進創新；加快創新速度，加速各方力量的使用和技術成果的應用。

2010年，法國發布《中小企業國防協定》和《基礎研究政策》，英國公布了《通過技術保障國家安全》報告，均要求在國防採辦中更好地發揮中小企業的重要作用，並支持中小企業發展，要求採用開放式競爭採辦。

2012年，英國發布《通過技術確保國家安全：英國防務與安全

的技術、裝備和保障》白皮書，提出要加強研發力度，維持一定的技術優勢和技術獨立性；要加強聯合研發；要充分發揮中小企業的創新與靈活作用，將中小企業的合同額比例提高至25%，引入更多中小企業參與國防科研生產；要開展競爭，大量採用商用現貨產品（COTS），更多採用開放式體系結構。

2014年，歐洲發布了「一個國防市場」路線圖，以促使國防科技工業更具競爭力。通過軍民之間的協同創新，使歐洲維持「有效防禦能力和具備競爭力的國防工業」的能力。

(四) 歐盟「一體化」發展策略對國防科技工業集群化發展的影響

一體化發展策略加強了歐盟國防科技工業集群化發展的進程。以英國為例。英國根據國防軍事需求和未來軍事發展方向將軍品分為戰略性軍品、主要性軍品、一般性軍品，根據此分類針對國防科技企業的經營產品、服務範圍對國防科技企業進行分類管理和分類投入。通過對戰略性和主要性軍品生產的企業的重點支持，培育具有絕對實力的龍頭企業，同時圍繞這個龍頭企業發展國防科技產業集群。現已形成了從倫敦到安普頓一帶的重工業產業區和西部沿海產業集群。電子工業集中在蘇格蘭中部和英格蘭南部，航空工業分佈在以倫敦為中心的英格蘭南部地區，核工業主要分佈在英格蘭南部和西海岸，艦船工業主要分佈在南部沿海一帶，兵器工業分佈在倫敦地區及菲爾德、考文垂等地，導彈工業分佈在英格蘭西部的普雷斯頓、伍德福德，北愛爾蘭的貝爾法斯特等地。

第四節　國外國防科技產業集群模式總結

隨著國際形勢的變化，世界各國對國防科技產業實施了國防科技產業集群化發展戰略，通過產業調整、佈局優化、資源整合，不斷提高國防科技產業的競爭力。長期以來，發達國家在國防科技產業集群發展上探索出許多成熟經驗，形成了各具特色的發展模式。按照國防科技產業集群的創新主體進行總結，可以概括為「128號高速公路帶」模式、「硅谷」模式、「智帶」模式三種主要模式。

一、焦點企業型的「128號高速公路帶」模式

128號高速公路是位於美國波士頓市的一條半環形公路，距波士頓市約16千米。該地區是一個比硅谷還要早的半導體產業集群，公路兩側擁有從事高技術研發、生產的電子、國防、生物等公司企業數千家，被稱為「美國的科技高速公路」，也是世界知名的電子工業中心。

（一）「128號高速公路帶」模式的動力與形式

高等院校是吸引企業大量集聚的核心力量。波士頓是美國馬薩諸塞州的首府，擁有哈佛大學、麻省理工學院（MIT）等多家世界知名高等院校。早在第二次世界大戰以前，MIT就鼓勵在校教職工自己開辦公司或者與本地區私人公司合作，通過提供技術諮詢或者技術轉讓促進學校科研成果的商業化。因此，多家新建企業從麻省

理工學院（MIT）實驗室分離出來，零散地分佈在 128 號公路沿線，形成了早期的產業集群。第二次世界大戰爆發後，美國軍品需求急遽增加，大量的軍品訂貨對該地區科技產業的發展起到了重要的作用，加上政府研發資金和 MIT 多名教授和畢業生的支撐，使該地區迅速成為美國重要的科技工業園區。1951 年，政府對 128 號公路進行擴建，準備為該地區工業發展開闢更大的空間，大量民間技術企業和政府科研機構紛至沓來，同時也把許多大公司吸引到了這裡。

工業研究園是該模式的重要形式。1950—1960 年的十餘年間，公路的擴建將波士頓 20 多個城鎮連成一線，大量高技術企業集聚於此，工業研究園應運而生。在 20 世紀 60 年代初，就有 5 個工業園區在公路沿線穿過的貝福德、萊克星頓、沃爾瑟姆三市建立。通過對外出租，每個園區吸引了 1~20 家企業入駐，這些企業多數是只有 20~250 名研究人員的中小型企業。隨後，多家工業園區相繼建立，占據了公路沿線的所有空地，吸引了 200 家企業入駐。

（二）「128 號高速公路帶」模式的四個發展階段

128 號公路高科技園區從興起到衰落再到重新振興，經歷了一個曲折發展的過程。根據其發展特點，該過程可分為四個階段：

（1）電子信息產業大發展階段

該階段始於 20 世紀 50 年代，至 60 年代結束。這一時期，美國為了「冷戰」和軍事競賽的需要，主要發展軍事技術研發和電子產業。依靠多家老企業和高等院校，該地區技術創新不斷發展，電子技術新產品層出不窮，晶體管、半導體芯片、電子計算機等都是這一時期的成果。同時，大量新企業和大公司逐漸落戶於此，地區產業規模不斷

擴大。

（2）計算機工業大發展階段

該階段始於 1975 年，終於 1985 年。這一時期，隨著戰爭的結束、國防需求的下降，該地區經歷了短暫的經濟蕭條。但依靠 20 世紀 60 年代以後成長起來的新企業和以老電子學為基礎的計算機工業，轉型發展微電子計算機，幫助其拜托了發展窘境，成為美國計算機研發的重要中心之一。

（3）高科技產業發展階段

該階段始於 1986 年，終於 1989 年。由於「星球計劃」的實施，高科技產業的發展必須再次為國防軍事技術服務，隨著國防開支的巨減和地區發展模式的僵化，該地區發展開始衰落。

（4）產業結構調整與復興階段

該階段始於 1998 年。該階段主要憑藉地區人才優勢和工業基礎，調整產業結構，發展高新技術產業，實施 128 號公路地區重新振興。

一是通過產業重組和企業精簡、分離等，吸引大量高新技術企業到來。通過原有的僵化機制逐漸轉變，除了吸引部分通信、生化、電子、信息等領域的大型高科技公司總部落戶以外，一些其他市州的高科技企業和研究機構也在該公路沿線附近設立了分部、研究中心或銷售基地，其中不乏微軟這種大公司。128 號公路改變原有的產業發展戰略，以作為硅谷的補充軟件，發展通信、醫療技術等方式不斷促進地區產業的復興。

二是依靠高校的科研力量，加大科技轉化力度。該地區是世界主要的留學基地，依靠哈佛大學、麻省理工學院等知名高校吸引和

培養的大批人才，128號公路再度崛起，其附近70%的高新技術企業由麻省理工學院師生創辦。如今，128號公路帶逐漸發展起來的金融服務業占據全美金融服務業的27%，為企業融資提供了大量機會。園區內聚集的生物技術公司超過100家，該地區已成為全美最大的健康研究中心，其生物技術研究居世界領先水準。

二、市場化科技創新導向型的硅谷模式

硅谷位於美國西海岸舊金山灣，面積1,854平方千米，人口約292萬，是全球著名的科技創新中心。冬暖夏涼的地中海氣候使得本地的生活環境極佳，給美國的高科技人才和企業提供了宜居宜業的環境。硅谷的氣候是硅谷發展的基礎條件之一，這裡十分適合晶體管的製作和研發。正如晶體管的發明者肖克利所說：「這裡的氣候環境，都是開辦晶體管工廠的理想之地，也是開展科技競爭的風水寶地。」因此他在硅谷創辦了第一家半導體公司。以此半導體公司為契機，大量高新技術企業在此聚集，數量早已超過3萬家，其中包括蘋果、谷歌、英特爾、FACEBOOK等大名鼎鼎的高科技公司。硅谷的形成與發展過程及硅谷模式的成就與特點如下文所述。

（一）硅谷科技產業的雛形：斯坦福工業園

20世紀50年代初，斯坦福大學在硅谷之父弗萊德·特曼的帶領下，做了三項制度創新：一是成立斯坦福研究院（SRI），一方面從事國防研究並協助其他公司舉辦「榮譽合作項目」，另一方面推動研究成果的產業化；二是啟動博士培養項目，同時也向當地公司開放課堂，對工程師進行培訓，把課程設置從工程訓練轉變為基礎學科

研究；三是建立斯坦福工業園區（SIP），通過招商引資吸引大批電子信息通信領域的企業入駐。斯坦福工業園區是硅谷的前身，其自身研究成果產業化發展和招商入駐的企業逐步在園區內形成高科技產業集群，為硅谷的高速高質發展奠定了基礎。

（二）硅谷模式發展的四個階段

從硅谷第一家世界級大企業惠普的成立，到斯坦福工業園的建立，硅谷的發展經歷了不同的階段。從生產和提供不同產品和服務的角度來看，硅谷可以分為四個發展階段。第一階段是晶體管時期和國防產品的研發與生產階段（20世紀50年代初—60年代末），該階段也是硅谷的誕生和形成時期。第二階段是集成電路的研發和生產階段（20世紀50年代末—70年代後期），也是硅谷發展的大爆炸時期。第三階段是個人電腦（PC）的研發和生產階段（20世紀70年代中期—90年代初），該階段以英特爾、蘋果公司的崛起為代表。第四個階段是因特網的開發與服務階段（20世紀80年代末—現在），即互聯網到移動互聯發展階段。

（三）硅谷模式的成就

硅谷模式極大地提升了美國的科技領先水準。1993年，隨著萬維網（World Wide Web）的創立，第一款瀏覽器Mosaic推出，硅谷成為世界互聯網革命的領袖，硅谷的全球性科技創新中心的地位也得以確立。隨後，eBay、谷歌、特斯拉、Facebook等大公司相繼成立。2007年，第一代蘋果手機發售，硅谷進入了移動互聯時代，智能手機行業飛速發展。目前，硅谷的發展不斷多樣化，很多方面的

技術都處於世界領先水準，例如計算機相關技術、互聯網、生物制藥、信息服務等。隨著經濟全球化的進一步發展，硅谷已形成同全球經濟高度互動的經濟模式。

（四）硅谷模式的特點

硅谷發展到今天，是創新精神、企業家精神、技術、資金的完美融合，也是產、學、研完美結合的自然成果。

斯坦福、伯克利、加州大學等世界一流大學，以及伯克利實驗室、斯坦福直線加速器中心、阿莫斯航天研究中心、勞倫斯等研究院向硅谷不斷地輸送創新動力；這些高校和研究院為企業提供技術的同時也輸送了大批的技術、管理人才。

除了在本地誕生的惠普、蘋果、英特爾、特斯拉、甲骨文、雅虎等世界頂級高科技企業之外，一些美國著名大公司也在硅谷建立有研發機構。微軟也在此建立研究機構，通用公司也在此買地插旗。扎克伯格在哈佛大學創立 Facebook 後也遷居於此；2012 年，Facebook 上市，成為歷史上最大的科技公司 IPO。前面提到，硅谷的信息服務、商業服務也位於世界領先水準，美國其他許多高科技中心在硅谷企業的幫助下也不斷發展起來。

除了商業發展外，硅谷同時也成為留學生向往的留學寶地。中國人和印度人經營的產業也在此不斷發展壯大，1998 年中國人和印度人經營的約 2,775 家企業的營業額達 168 億美元，當地人將 IC（信息和電腦）產業稱為「印度人和中國人的產業」。硅谷的發展帶動了半導體技術、集成電路、個人電腦、互聯網、智能終端等現代新技術的飛速發展，不斷促進科技革命和人類技術進步。

表 3-1 顯示了美國「128 號高速公路帶」模式和硅谷模式的比較情況。

表 3-1　美國「128 號高速公路帶」模式與硅谷模式比較

比較項目	模式	
	「128 路高速公路帶」模式	硅谷模式
發展淵源	美、蘇軍備競賽，依靠國防投資、政府採購、軍品訂貨為該地區提供了強大的資金和市場支持	晶體管技術的發展帶動了電子產業的變革；斯坦福工業園的建立形成硅谷的雛形
企業類型	擁有電子、國防、生物等從事高技術研發的大公司，產業基礎強，科教資源豐富	技術多元化，小公司與大公司並存，世界級高科技公司眾多，專業化程度水準高
技術開發	較多地開展封閉式的內部技術研究，與外界交流較少，研究活動缺乏開放性	注重與外界的聯合與交流，技術和信息開放程度較高，產、學、研高度結合
創新方式	創新研究的主體主要是大學、研究所、企業研究中心等	政府、大學、企業家之間的緊密合作促進創新理念的商業化
大學	麻省理工學院	斯坦福大學
創新導向	一是依靠政府和園區內的大型企業帶動；二是技術驅動，依靠科研成果產業化	市場需求牽引
資金支持	以國防支持資金為主、風險資本為輔	多層次資本和金融市場

三、依託區域創新生態系統的「智帶」模式

2008 年國際金融危機後，西方國家認識到未來的核心競爭優勢是智能創新，眾多昔日的工業集聚區因跨國公司的離岸生產遭受重創並陷入衰退的「銹帶」地區，基於先進的研發部門支持，通常是

圍繞地方性大學的支持，形成了新的智能製造產業集群的「智帶」。例如荷蘭南部的卡車製造基地蛻變為芯片與傳感器密集創新產業集群等。

（一）智能製造是「銹帶」向「智帶」轉變的重要途徑

在 20 世紀 70—80 年代，以製造業為經濟支柱的美國底特律、匹茲堡、克利夫蘭和芝加哥等大工業城市由於工業急遽衰落、工廠大量倒閉、失業率增加以致閒置的設備銹跡斑斑，被人們形象地稱為「銹帶」。隨著全球化分工的細化和製造業轉移熱潮的掀起，歐美發達國家的一些企業，為了更少的成本、更大的市場，相繼選擇在亞洲等新興市場建立代工工廠。企業的轉移使得原本繁榮的城市出現了大批的真空地帶，以往的繁榮逐漸衰敗。而如今，智能製造的興起，由複雜的智能加工產品代替原有的廉價產品，一條條「銹帶」正在向「智帶」逐漸轉變。

（二）市場化是「智帶」模式成功的根本

有人說，智能時代就是「高精尖」的技術和產品時代，而這些智能技術往往與高等院校和科研機構掛勾，因為它們最能體現「智能」兩字。阿格塔米爾在其《智能轉型：從銹帶到智帶》中指出，未來智能製造的關鍵點在於機器人、3D 打印和物聯網。毫無疑問，這些高精尖技術往往出自高等院校和研究機構，但不能忽視的一點是，「智帶」本質上是市場化的產物。智能製造是通過產品高附加值、個人需求定制等手段滿足更大的未來市場需求，而如果沒有市場需求的激勵，這些技術依舊會束之高閣。因此，從本質上看是市

場需求的變化推動了智能生產的快速興起和發展。當然，政府的推動也是不可忽視的一股力量。

(三) 政府在「智帶」模式發展過程中具有重要作用

關於「智帶」發展的研究，有些專家學者刻意弱化政府在市場中的作用。與之相反，阿格塔米爾認為政府的作用非常重要。他以互聯網、無人機和無人駕駛汽車為例來證明政府作用的重要性，因為這些技術成果都脫胎於國防高級研究計劃局和國家航空航天局的項目。在產業集群發展中，政府一方面可以做些基礎性的工作，另一方面可以聯繫和整合各方資源，因為政府可以規避市場的急功近利特性，當然這也對服務型政府提出了更高要求。

中國北京、上海等作為國家經濟中心，擁有國內眾多的高等學府，如果依託完備的市場經濟體系、優秀人才資源以及各類大型科技企業，完全具備形成「智帶」的基礎。

第四章　中國國防科技產業集群發展現狀及問題

中國國防科技工業經歷了新中國成立初期的大建設、「三線建設」的大遷移、改革開放後的快速進步，到現在的蓬勃發展，取得了重要的成就。本章從產業集群視角分析中國國防科技產業集群發展的基本情況，為集群化發展提供依據。

第一節　中國國防科技產業集群發展概況

《國防科技工業中長期科學和技術發展規劃綱要》指出中國國防科技產業建設要重點發展核、航天、航空、船舶、兵器、電子信息六大產業，形成對國民經濟具有輻射帶動效應的高技術產業集群。新中國成立以來，中國國防科技工業通過在產業體系、佈局以及相關體制機制上的幾次大調整，逐步形成了完善的國防科技工業產業體系和工業基礎。這在一定程度上為國防科技產業組織模式創新打下了堅實的基礎。由於各大產業組織分工體系的完善和集聚效益的發揮，國防科技工業企業在資產規模、營業總收入、增長態勢等方面都取得了不錯的成績，產業集群化發展逐步顯現。

一、中國國防科技工業產業集群化概況

從行業來講，國防科技產業集群緊緊圍繞六大核心產業，初步形成了電子信息產業、核產業、兵器產業、船舶產業、航空產業、航天產業六類產業集群。

（一）電子信息產業集群

近年來，中國高度重視電子信息產業的發展。電子信息產業技術發展迅速，已成為中國社會經濟發展的主要力量。尤其是在現代信息技術大發展的背景下，電子信息產業成為各國之間經濟競爭的主要戰場。「十三五」時期是中國全面建成小康社會的決勝時期，也是中國戰略性新興產業深化發展和轉型升級的重要時期。《「十三五」國家戰略性新興產業發展規劃》的通知（國發〔2016〕67號）明確提出要做強信息技術核心產業。順應網絡化、智能化、融合化等發展趨勢，著力培育建立應用牽引、開放兼容的核心技術自主生態體系，全面梳理和加快推動信息技術關鍵領域新技術研發與產業化，推動電子信息產業轉型升級取得突破性進展。同時，國家採用投融資政策、稅收優惠政策、出口政策、收入分配政策、人才吸引與培養政策和採購政策等一系列配套政策措施。電子信息技術發展已成為「中國智造2025」「互聯網+」行動計劃的技術基礎。

電子信息產業發展成績斐然。總體看，中國的電子信息產業發展經歷了起步階段、快速發展階段，進入現在的繁榮發展階段。根據《中國電子信息產業綜合發展指數研究報告》，中國電子信息產業2016年主營業務收入已經達到了17萬億元，從2012年以來的年均

增速為11.6%，其中發展的中堅力量為電子信息製造、軟件行業。

電子信息產業集群初步形成。隨著自主科技研發能力的穩步提升，中國也逐漸由「製造大國」向「創造大國」逐步轉變，國家電子信息技術人才也在逐日俱增。因此，電子信息產業依託其技術密集度吸引了大批企業，除了發揮電子信息自身的國防功能以外，電子信息在大數據、互聯網、智能機器人以及一些多媒體業務、通信業務和網絡游戲等方面應用極為廣泛，初步形成了產業集群。長三角、珠三角、環渤海等地區孕育了一大批電子信息公司，其中不乏國內知名的網絡公司。這3大地區圍繞深圳、上海、北京等中心城市基礎優勢快速形成電子信息產業集群，走在中國電子信息技術發展的前列。此外，部分中西部地區的電子信息產業也迎頭趕上，主要分佈在經濟和產業基礎雄厚、高校眾多等的成都、西安、武漢、重慶等地。

（二）核工業產業集群

（1）核工業及其特點

核能行業就是我們平時所說的核電行業的上下游。核能行業產業鏈比較長，從上游的鈾勘探、鈾採冶，到中游的組件製造、元件材料研發製造、核電裝備製造，再到下游的核電、核技術應用。核材料的特殊性，拉長了核產業鏈（圖4-1）。

以核電為例，核燃料進入反應堆燃燒發電後，生成乏燃料。因此，在核能動力產業鏈的後端又有乏燃料的處理。電站壽命期結束後，還要進行核電站退役治理。從核反應堆的生命週期看，目前核反應堆營運時間普遍從40年延長到60年，加上還需要大約10年時

間退役，其生命週期就達到了60~70年甚至更長。從整個產業鏈看，在反應堆主產業鏈之外，還有平行存在的反應堆設計，工程建設EPC，元件材料研發製造，核電設備生產製造、核輻射防護等輔助產業。可見，核電產業鏈具有長生命週期、多產業融合的特點。

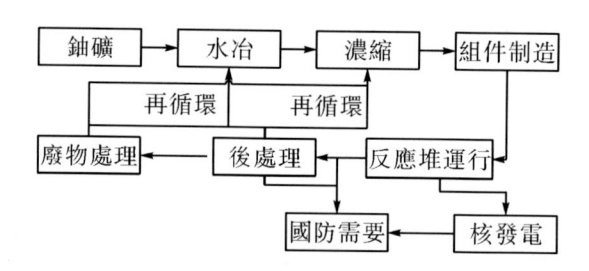

圖4-1 核工業產業鏈示意圖

（2）中國的核產業

①動力核技術產業方面。目前中國的核電產業發展迅速，但由於一個完整的核能動力產業不僅產業鏈長，而且生命週期也在60~70年甚至更長，因此核電發展對裝備製造和配套產業要求較高。國內核電產業面臨巨大的產能釋放壓力，「斷檔」和「賦閒」成為常態，因此中國的一些核電產業集群處於一種「低調」的狀態。

②非動力核技術相關產業方面。非動力核技術應用（簡稱「核技術」），也就是通常所指的同位素與輻射技術應用。中國非動力核技術在制備和應用兩個領域都有了大的發展，制備包括放射性同位素和製品的制備，應用包括醫學、農學、工業、核測試等領域。發達國家的核行業和市場發展成熟，市場規模巨大。以美國為例，2010年非動力核技術民用市場規模達6,000億美元，中國核技術民用市場卻剛剛起步。

(3) 中國核產業集群化

隨著國家核電發展政策的不斷落地，中國已初步建立了一些核電裝備科技產業園，核電配套產業集群也在初步形成。配套企業主要產品為核級泵、核級閥門、核管道、核電站用特種門、核級壓力容器、核級低壓開關櫃等。以江蘇、上海、浙江等為代表的核電產業園建設逐步成熟，尤其以浙江的中國核電城為代表，在企業規模、數量、園區規模、產業配套等方面位於國內前列。在世界能源日趨緊張的大背景下，核電成為世界各國重點支持的產業，因此構建專業化生產要素聚集的窪地，形成區域集群效益、規模效應並提升競爭力成為中國核電發展的必然選擇。

(三) 兵器產業集群

(1) 兵器產業及特點

兵器工業是指研究、發展和生產常規兵器的工業。武器是在階級對抗的社會條件下產生，伴隨著戰爭形態的演變和社會生產力的提高而發展起來的。兵器工業是國防工業中最早出現的一個門類，是戰爭的產物。一個比較完善的兵器工業體系是綜合國力的體現，也是國家國防實力的重要標誌。兵器工業是在一定生產力的基礎上發展起來的，經歷了從冷兵器到熱兵器的發展歷程。第一次世界大戰結束之後，火炸藥製造、槍炮製造、彈藥製造和坦克製造等從國民經濟中分離出來成為新興而又重要的獨立部門，逐步發展成為現代兵器工業。第二次世界大戰之後，不論是兵器產品的性能、品種和質量，還是兵器工業的管理水準和科學技術都得到大幅度的提高。兵器工業涉及的領域較廣，包含冶金、化工、機械、儀器裝備製造、

電子信息等產業，中國的兵器工業建設服從於國家獨立自主的基本國策，有節制地生產武器裝備，更不參與軍備競爭。

（2）中國產業集群化

中國兵器產業集群初步形成了重型裝備、光電材料與器件、車輛特種化工與石油化工等高新技術產業，其重點產品在國內外市場上都具有較高的市場佔有率。以 2015 年中國在工程機械行業的數據為例，其總產值突破了 9,000 億元大關，本行業內主要產品保有量為 663 萬~718 萬臺。液壓挖掘機的有效需求為 149.5 萬~162.0 萬臺，其中 73.5kW 功率級別及以上的推土機為 7.1 萬~7.7 萬臺，而裝載機為 167.4 萬~181.4 萬臺，平地機為 3.8 萬~4.0 萬臺，攤鋪機需求為 2.0 萬~2.1 萬臺，壓路機需求量為 11.8 萬~12.8 萬臺，輪式起重機需求量為 21.7 萬~23.5 萬臺，塔式起重機為 42.5 萬~46.0 萬臺，叉車為 208.5 萬~225.8 萬臺。在混凝土領域，攪拌輸送車需求量為 32.1 萬~34.8 萬臺，混凝土泵車為 6.1 萬~6.6 萬臺，混凝土泵為 5.7 萬~6.2 萬臺，混凝土攪拌站為 5.0 萬~5.5 萬臺。自「十二五」以來，中國兵器工業領域內國際工程累計簽約額達到 32 億美元，有力地推動了北車、華電、中信重工等企業裝備出口，累計出口值達 14 億美元。

（四）船舶產業集群

船舶產業是一個綜合性裝備產業，為海洋開發、水上交通、國防建設等提供技術裝備。它包含了諸如材料、電子、精密儀器、能源動力、工業設計等眾多學科領域，是一個龐大的、複雜的工業體系。

中國基本形成了現代化的船舶產業體系。為推動船舶工業的發展，中國集中大量資源，經過幾代人的努力，基本形成了一個門類齊全、具有自主設計生產能力的船舶工業體系。目前，中國已是世界造船大國、名副其實的航運大國和海洋大國。中國良好的工業和科技基礎體系、高速發展的經濟及大量的勞動力、漫長的海岸線、快速增長的對外貿易等，為船舶工業集群化發展提供了良好的基礎。

船舶產業集群化雛形已經顯現。通過一些大型企業的兼併重組，以及上下游產業配套銜接，培養了一批具有國際競爭力的船舶配套企業。中國船舶工業主要分佈在珠江三角洲和長江三角洲，中國船舶重工集團主要分佈在長江三角洲和環渤海地區。因此，環渤海大型造船產業集群主要有三類：以中國造船工業集團為龍頭的環渤海大型造船產業集群，以中國船舶工業集團、中國船舶重工集團兩大國有企業集團為核心的長三角地區大型船舶產業集群，中國造船重工集團作為珠三角地區大型航運產業集群的核心。此外，通過集群化發展中國已經形成了多個民營船舶產業集群，如江蘇靖江等地。江蘇靖江是江蘇省船舶出口基地，也是全國最大的民營造船產業基地，每年造船完工量約為全球的4%、全國的13%、江蘇的40%。靖江已經形成產業鏈完整、產業佈局集中的船舶產業集群。

（五）航空產業集群

航空工業具有高度的產業關聯性，作為一個重要的生產加工產業，一直是產業鏈的核心。對於民航來說，產業鏈隨著航空器的設計、生產和服務而構成，涵蓋了多個產業和環節，如航空器的研發、設計、試飛取證、營運維護和商業服務等。

根據不同環節的主要功能的不同，以及不同環節之間的銜接關係，可以將民航產業鏈分為營運服務鏈和設計製造鏈。營運服務鏈由機場的營運管理、航空器的維修租賃和運輸、航空業培訓諮詢、金融、旅遊等構成；設計製造鏈由航空器的研發、設計、總裝、試飛取證、航空器的發動機製造、新材料開發、航空等構成。

同時也可以將航空產業分成三大部分：核心產業、緊密關聯產業和引致關聯產業。核心產業是指和航空器製造直接聯繫的環節，例如和航空器的製造、營運和運行直接關聯的各種資源；緊密關聯產業主要是指和核心產業密不可分的上游產業，其作用是為航空器的製造提供材料上和技術上的支持；引致關聯產業主要指核心產業的下游產業，主要是航空器服務於地方經濟建設。

中國已經在上海、西安、成都、沈陽等地逐步形成了較為完善的航空產業集群。以上海為例，浦東新區依託 C919 大型客機總裝基地的輻射作用，帶動高端航空器設計、加工、製造、維護等相關產業發展，已經形成了完整的航空產業鏈，具備了產業集群化的基本特徵。目前，浦東已走在中國通用航空產業發展的前列，依託自貿區優勢，形成了大批的產業集聚，加上重大國家級項目的落戶，航空產業基地建設初具雛形。未來航空產業將為上海地區經濟的發展做出巨大的貢獻，達到上千億元的產值規模，同時也將帶動中國民用航空發展。這對彌補中國民用航空技術、基礎等落後的現狀具有重要意義。在政府的大力整合與支持下，靈活的政策和資金配套以及改革紅利將會為浦東新區航空產業的發展注入新的活力。根據「十二五」期間的發展規模來看，「十三五」期間的產值和規模將會翻番，圍繞「藍天夢」形成新的經濟增長點。

國內航空工業產業集群目前的特點都是「市場主導、政府扶持、創新引領」。航空工業產業集群的內核是有一個創新的體系，必須依靠尖端技術研發和高新技術引領形成龐大的航空產業立體空間體系。中國的航空產業集群以航空產業園居多，產業園往往聚集飛機設計、生產製造、試飛鑒定、教育培訓、旅遊體驗、交流會展等為一體的航空產業集群，形成了一個豐富、完善、多樣的多園區聯動的新型航空產業帶。

(六) 航天產業集群

航天產業是典型的知識與技術密集型產業，其產業鏈條長、輻射面寬、聯帶效應強，是國家科技和經濟綜合實力的代表。打造航空航天產業集群，最大的難點在於必須依託有核心競爭力的龍頭企業，通過龍頭帶動效應加快加強產業集聚，迅速匯集起一批關聯企業，促進集群發展。

從中國第一顆人造衛星成功發射，到天宮二號取得成功，中國航天產業大發展，取得了世人矚目的成就。中國航天產業集群圍繞酒泉、西昌、海南衛星發射場，北京檢測中心，上海研發基地展開。目前航天產業集群初步形成了裝備研發與製造、衛星營運與數據應用、航天技術應用三大產業鏈。中國航天產業集群主要分佈在上海、西安、武漢和天津等地，同時其他地區的產業園也在如火如荼地建設，逐步形成了產業集聚的態勢。航天產業的發展不是某個地區一枝獨秀，需要各地的協同配合，建立完善的航天產業生態體系，逐步夯實國家航天產業基礎。

(1) 上海航天產業集群

上海航天產業的發展始於導彈武器仿製，現在已經逐步發展為導彈武器、運載火箭、應用衛星、空間科學和航天技術應用產業、航天服務業等多領域並舉的綜合性航天產業基地。

在運載火箭研發方面，上海航天產業集群不僅承擔了5個型號長徵系列運載火箭的總體研製任務，還執行了中國30%以上的火箭發射任務和90%以上的太陽同步軌道發射任務。在技術攻關研發方面，上海研發出了中國自己的「一箭多星」發射技術，突破了常溫推進器三級發動機二次啟動等技術。在衛星技術方面，上海航天截至2016年，已經成功發射40多顆各類衛星，為中國國防建設和國民經濟發展做出了巨大貢獻。此外，上海航天還在載人航天、探月工程等方面做出了重要貢獻。

在集群化發展方面，上海航天通過技術轉化，推動集群化發展。目前，上海航天開發的大批新工藝、新能源、新材料技術都被用於民品生產，形成了「一城三區」的集群化發展格局。此外，在上海帶動下，湖州、廣德、內蒙古等航空航天產業基地也迅速發展起來。目前，上海民用產業涵蓋了衛星導航地面應用、民用雷達測控、光伏、動力鋰電、汽配、燃氣輸配、裝備製造等領域。其中的智能防撞雷達、柔性薄膜太陽能電池、分佈式能源、動力鋰電系統、攪拌摩擦焊、3D打印等航天新技術正在形成優勢產品。

(2) 西安航天產業集群

2016年西安航天產業基地正式成立，該基地由西安市與中國航天科技集團合作建設，以民用航空器研發生產為主。西安基地集西安衛星應用產業示範基地、中加衛星通信產業園區、衛星導航和時

頻技術研發及工業化基地於一體，不斷擴大其產業規模。

（3）武漢航天產業集群

湖北航天工業圍繞航天科技企業、科研院所等核心單元展開，已經形成覆蓋導彈、航天器系統、重型越野裝備、空間激光設備、衛星應用等產業的產業體系，基本形成了整個產業鏈的發展能力。

（4）天津航天產業集群

天津於 2009 年完成建設航天城項目。該項目是由中國航天科技集團第三研究所在天津濱海新區投資興建的航天高新技術研發與產業化基地，位於天津機場物流加工區。項目總面積為 15 萬平方米，總投資 10 億元。目前，天津已形成以航天製造業為核心的西部開發區和濱海高新區航天產業集聚區，已入駐航天五院、天津大型航天器 AIT（總裝、集成、測試、試驗）中心、天津航天神舟科技發展有限公司、天津航天長徵火箭製造有限公司等近 50 家航空航天製造企業；還吸引了包括美國古德里奇、PPG、法國佐地亞哥、泰雷茲、瑞士華格、索科墨和漢斯公司、吉富中國投資、神州通用等上百家配套企業，形成了由投資融資、航空航天技術服務等配套企業聚集的雛形，產業鏈正在壯大。

二、中國國防科工產業集群發展歷程

（一）國防科技工業初步形成階段

該階段始於 20 世紀 50 年代初，至 70 年代末基本結束。新中國成立初期，國內經濟滿目瘡痍，實施「一五」計劃後，中國社會主義工業化的進程邁出了第一步，落後的工業基礎也逐步得到改善。

「一五」期間重點建設產業主要包括航空、航天、核、兵器、船舶等國防科技工業，建成了飛機、汽車、重型機器、精密儀器等近六百個重要項目。同時在該段時期中國也取得了許多舉世矚目的成就，並初步形成了國防科技產業相對集中的區域佈局。

以船舶行業為例，到20世紀70年代，造船能力發展到60多萬噸/年。在此期間，國家重點改擴建了一批造船廠，如上海造船廠、新港造船廠、江南造船廠、大連造船廠、武昌造船廠等；與此同時，又新建一批造船廠，如黃浦造船廠、廣州造船廠、渤海造船廠等，形成了沿海和沿長江的重要的船舶建造基地。經過幾代人的努力，基本形成了一個現代化的船舶工業體系，門類齊全，設計生產能力較大。

在實施第三個「五年計劃」期間，中國進行了大規模的工業遷移，即「三線建設」。三線建設的出發點是國家國防戰略，但同樣拉動了落後地區經濟的發展和人才的進入，同時促進了一批產業發展，初步形成了國有大中型軍工企業聚集區。該時期的產業集群只是簡單的集聚，並沒有在產業鏈、技術、市場等方面建立初步的分工協作關係。多數區域、多數企業處於獨立發展的狀態，實行自我配套，條塊分割現象明顯。

（二）國防科技工業快速發展階段

該階段始於20世紀80年代的改革開放，至20世紀90年代末新型企業興起結束。這一階段中國的國防戰略有了初步的轉變，國家初步進入快速發展期。該時期中國航天、航空、核能、船舶、兵器等產業迅速發展，技術項目增加，大批國防工業技術得到快速應用。

以國防科技工業為核心，與區域民營企業開展廣泛的分包、轉包等分工協作，政府、科研院所等相繼跟進，使得中國國防科技工業產業集群得到充分的發展。

（三）國防科技工業產業集群化發展階段

該階段始於20世紀90年代，目前正在如火如荼地進行中。20世紀90年代以來，隨著改革開放的發展和市場經濟的建立，大批企業得到瞭解放，同時一批新型的配套企業也如雨後春筍般地冒出來，國防科技產業集群化進入快速發展期。

如今，中國已經圍繞六大產業初步形成了產業集群，如在長三角形成的船舶產業集群，在長三角、珠三角、環渤海地區以及中西部地區形成的四大電子信息基地，上海、武漢、西安、天津的航天產業集群等。隨著市場經濟建設的不斷完善以及改革的不斷深化，這些產業集群也日趨發展壯大，集群內的分工協作、協同創新機制愈加完善，集群發展的優勢不斷顯現出來，逐步形成全國範圍內大規模、多元化的國防科技產業集群。

第二節 中國國防科技產業集群發展的特點

由於國防科技工業產業集群與其他行業產業集群存在較大的差別，因此相對於其他產業集群發展而言，國防科技工業有其自身顯著的特徵。從中國國防科技工業產業集群化的驅動因素來看，政府在產業集群的過程中扮演了重要的角色，而其他行業往往市場和資

本驅動的要素更多。從產業集群本身的特徵來看，六大產業集群具有產業特徵明顯、產業鏈內各成員關聯度強、空間集聚顯著和協同創新能力強的基本特徵。

一、政府驅動

中央及各地政府積極推動國防科技工業發展的相關政策實施，加快產業集群以及更深層次的產業創新集群形成，通過引導各大企業之間相互協作以及自主創新，從而發展形成一種高級階段的產業組織形式。一般來說，當產業集群形成以後，可以通過多種途徑提升整個區域的競爭力，並將這種力量形成集群，以促成當地政府核心競爭力的形成。形成新型的產業集群能為當地政府及當地居民帶來更多高新技術人才、增加就業崗位以及推動經濟模式的改變和區域經濟的發展。

縱觀中國國防科技工業產業集群化發展的三個階段，產業集群的形成與打造離不開政府推動。無論是出於國家戰略還是經濟發展的考慮，集群的發展壯大一般離不開以下幾個因素：核心的產業競爭力、專業技術水準的人員、完善的基礎設施以及有利於創新的監管環境。政府作為地方經濟的管理者，擁有土地、資金等大量資源，同時也能提供有利的市場監管，嚴肅監管環境，這為地方產業的集群化起到了重要的推動作用。

一方面，政府出於經濟建設的考慮，重點尋找區域優勢產業和龍頭企業，對已有一定規模的產業集聚之地進行規劃建設，通過制定地方國防科技工業產業集群化發展戰略，以大量的土地、資金、人才等優惠政策吸引眾多的社會資本、產業鏈各端企業以及優秀人

才進入，擴大區域產業規模，完善區域國防科工產業的功能配套，延伸產業鏈。如建設地區優勢產業工業園區、研發製造基地、人才中心、行業協會、產業聯盟等形式。政府對地區產業投入與扶持的高度重視直接促使地區核心國防科工產業的規模不斷壯大，加上國家戰略和政策，帶動了區域產業的快速發展，形成了完善的產業體系。

另一方面，從產業結構升級與調整出發加強產業集群建設，產業集群的規模效應、溢出效應對區域經濟發展大有裨益。在中國國防科技工業產業形成的過程中，政府往往會鼓勵大量民營企業進入現有產業鏈的缺失環節，培育完整的區域重點產業，從而不斷取得地區競爭優勢。

二、區域性特徵明顯

任何產業集群的形成都必須要求該地區有一定的產業基礎，同時還要求具有推動集群化的衍生機制和動力。中國國防科技工業佈局除了受歷史佈局的影響外，還與中國長期的國家安全戰略緊密相關，其集群化發展也涉及大量的國防資源，關乎國家安全與發展。由於國防科工產業鏈對大型國防科技工業的依賴性極強，與其他行業的集群化發展相比，國防科技工業產業集群化往往根植於地方的特性更為明顯。在現有的產業集群中，幾乎都是圍繞該地區的國防科技企業進行產業配套和佈局，在整個產業鏈中也存在著當地企業、政府、教育機構、研究機構和行業協會等之間資源、資金、知識、人才和信息等要素的流動。同時，國防科工產業集群存在著產業鏈長、配套要素多、技術密集度高、進入門檻高、關聯性廣的特徵。

因此在產業集群形成的過程中，能進入產業鏈中的企業往往除了擁有一定技術研發和裝備製造能力外，還存在著一定的地域屬性，如中國船舶工業產業集群就主要分佈在渤海灣、長江三角洲、珠江三角洲等區域。

三、產業特徵明顯

（一）六大產業各具特色

由於六大產業發展的重點不同，領域不同，因此其集群發展的特點也不同。以電子信息產業為例，該產業一個典型的特徵是其通用性強，能夠在國民經濟的多個行業進行發展應用並且推動該行業快速發展。因此電子信息產業集群所涉及的企業類型眾多，涵蓋一、二、三產業。電子信息產業的軍用企業的精尖端技術和民用企業的研發方面及產品結構的多樣化結合，使得當今電子信息產業擁有更高效產出，不僅在國防方面成就卓著，而且在日常大眾生活中也舉足輕重。

（二）產業鏈長且關聯度高

國防科技產業作為典型的裝備製造業，其幾大核心產業都具有產業鏈長、技術密集度高、技術依賴度強、產業關聯度高的共同特點。一般產業集群都是地理位置上十分靠近的企業，在較小的集群內就可以形成完善的產業鏈，例如中國浙江義烏區域的中小企業集群。國防科技工業企業是中國高精尖產業，集成國家眾多先進科學技術和知識。在產業集群中，以大型軍工集團為代表的各大國防科

技工業企業是集群的核心，具備資金、市場、技術、人才、規模等眾多優勢，一個產業集群的產業鏈條延伸、技術外溢、區域跨度相當廣闊。

以航空產業來講，一架 C919 的核心部件分別由江西洪都航空工業集團、四川成飛集成科技股份有限公司、瀋陽飛機工業集團、哈爾濱哈飛工業有限責任公司、西安飛機工業集團負責生產，最後交由上海中國商飛進行總裝。因此，一般能夠參與到產業集群中的配套企業往往都是技術能力和配套能力相當強的企業，由此形成產業鏈上縱向和橫向企業之間的工藝銜接。

（三）企業間協同創新能力強

前面提到國防科技工業產業集群是國家高精尖產業技術和知識的集成，處在產業鏈各端的企業包括國防科技企業、民營企業、科研院所、金融機構、服務諮詢機構、政府機構、培訓機構等，都擁有強大的創新資源和創新能力，加上產業集群特有的技術外溢效應、產業關聯效應，使得整個集群內的產業協同創新能力極強。產業集群的相關主體在分工協作過程中建立關聯，交換和傳遞技術信息、生產要素市場和區域創新等方面的資源，進而建立起緊密的相互信任關係和穩定的合作關係。

此外，由於產業鏈趨向開放，國防領域的資源投入將會更容易撬動產業鏈上下游民用經濟領域規模的擴張。如此一來產生的乘數效應使得區域社會經濟資源的利用率得到提高，產業鏈得以延伸，產業集群的競爭力和創新力得以提升。

第三節　中國國防科技產業集群發展的模式與路徑

一、以政府為主導推動

政府往往在產業集群形成的初期起到非常關鍵的作用。出於發展地方經濟的目的，政府通常扮演著地方產業集群的發現者和推動者的角色。政府根據地區產業的優勢、佈局、科研水準、經濟水準等規劃地區產業發展，通過土地、資金、人才等方面的政策優惠吸引大量企業進入。

以財政支出政策為例，政府提供的財政優勢是國防科技工業產業集群發展的最有利因素，是其他地方產業集群所不能比擬的。政府對地方產業的投資本質就是中央財政轉移支付，這對於該區域吸引財政投資和爭取政策傾斜支持從而進一步促進產業集群以及區域經濟社會發展具有重要作用。這一點在航空產業集群的過程中表現得尤為明顯，即政府通過規劃建設航空產業園、特色航空小鎮等舉措促進地區航空產業轉型升級，並利用土地、稅收等優惠政策以吸引大量企業聚集。例如 2018 年 12 月 3 日，中國民用航空局財務司公示了《2019 年通用航空發展專項資金預算方案》（以下簡稱《方案》）。根據《方案》，2019 年 162 家通用航空企業將獲得共計 4.41 億元的補貼。各省市政府也積極規劃本地的航空產業園區建設，僅江蘇一個省就規劃建設了 10 個園區。

二、以大型國防科技工業為核心

國防科技工業企業是該行業產業集群的核心，中國各地形成的國防科技工業產業集群幾乎都是以區域內的大型國防科技企業為主，依託其所在區域內的吸引力，帶動一大批配套企業入駐。通常核心企業的創新活動、市場活動、生產活動等都會影響到區域產業的發展，成為區域經濟的一個增長極，具有較強的帶動效應和輻射效應。在產業集群內，既存在主體之間的交流聯繫，也有企業和個人的學習行為。基於這些相互交流學習，產業集群內的技術知識差距得到一定程度的縮小，總體創新能力和競爭優勢會得到提升。由此發生的技術外溢效應將帶動區域科技水準的提升和經濟發展。

三、以協同創新推動產業集群發展壯大

如果說政府在國防科技產業集群形成的初期扮演著重要作用，那麼協同創新是其發展壯大必不可少的條件。國防科技工業產業集群中聚集了大量的研究企業、科研院所等，是產、學、研結合發展的主要體現。由於產業鏈長、參與主體數量多等特性，提高整個產業鏈的協同創新能力是提高集群內企業配套能力的關鍵。

四、以產業園區為依託

產業園區、產業基地是產業集群的基礎，但產業園區不能直接形成產業集群，正如前面講到的，產業集群的形成絕不能忽視政府的作用，尤其是在國防科技工業行業。但縱觀中國各大產業集群的

形成過程，不難發現諸多產業集群的形成都是從產業園區開始的。產業園的形成靠市場和政府引導，對於國防科技工業來講，政府引導居多，例如中國的國家型工業化產業示範基地便是如此。由此可以在產業園區的基礎上，形成簡單的空間集聚，發揮集群發展優勢。

企業是園區的主體，也是產業鏈各端不可或缺的組成部分。工業園區、產業示範基地等都是產業集群的最原始形式，而實現產業集群化最有效和迅速發展的起點則是這些園區。在促進產業園區集群化的過程中，政府要突出企業的主體地位，鼓勵企業自主創新，自主發展，充分發揮市場作用。

五、由空間集聚到產業鏈集聚

空間集聚是產業集群化發展的最主要形式，但對於國防科工產業來講，空間上的集聚只是產業集群發展的簡單表現，而產業鏈集聚是其深層次集群化發展的特徵。最初的產業集群往往是圍繞產業鏈的核心企業在一定的地理位置上形成產業集聚，通過外部規模經濟效應的發揮促使集群內各企業的發展壯大以及集群自身競爭優勢的提升。

但值得注意的是，空間上的集聚並不必然能夠充分發揮規模經濟效應。現實中往往關聯性不強的企業為了獲取部分政策、資金、土地等優惠在一個園區開始集聚，由於缺乏產業鏈上的關聯，這些企業之間幾乎沒有交流，因此難以形成有效的技術、知識流動。此外，國防科技工業的產品往往屬於高精尖產品，研製和生產的標準與要求極高，這些技術和產品通常由許多不同的技術領域集成，需要產業鏈上各端的企業橫向和縱向研發合作，因此我們很難要求如

此眾多的企業在一個地方集聚。但隨著現代通信、交通以及大型運輸設備的發展和完善，各企業之間的經濟交流活動變得相對容易，為基於產業鏈的集群提供了極大的可能性。空間集聚只是集群發展的低級階段，產業集群的良性成長必然向著基於產業鏈（包括產品鏈、技術鏈、供應鏈、資金鏈、服務鏈等）的開放化知識網絡方向發展。正如前面提到的 C919 飛機的生產，其核心零部件由全國各地的重要飛機製造企業提供，最後在上海完成組裝。

六、以產、學、研合作提升創新能力

產、學、研合作是產業集群創新能力提升的重要驅動力。中國國防科技工業通過政、產、學、研、用的合作模式，組織引導地方政府、軍工企業、民用企業與高等院校、科研院所開展戰略合作，形成校企合作、校地合作、院地合作、院校合作等多種合作模式，全方位、多領域聯合培育和開發軍民高端人才和先進技術。在引導高等院校和科研院所進入國防科研生產領域、促進技術協同創新的同時，依託高校、科研院所、骨幹企業建立研發聯盟，進行「基礎研究—應用研究—產品開發—產業化」全程鏈式人才培育，形成人才的雙向交流，為培育適應國防科技工業產業集群發展的高素質人才創造良好條件。

第四節　推進中國國防科技產業集群發展的政策法規體系

任何一種體制機制的建設，都需要相應的政策和法律體系的保

障。尤其是在體制機制破舊立新的過程中，要改變既有的路徑和模式，更需要有強有力的政策和法律來推動和保障。在國防科技產業集群的形成和發展中，迫切需要明確的政策導向，迫切需要法律法規的制度性保障。

一、國防科技產業政策法律體系的演進

新中國成立以後，國防科技工業以保障國防和軍隊需求為任務，嚴格按照計劃生產，在封閉的計劃管理模式下運行。黨的十一屆三中全會後，國家實行以經濟建設為中心的戰略轉移，國防科技工業開始與市場接軌，開始按照市場需求進行武器裝備研製和生產訂單化和民品的生產。同時，一些軍工單位開始轉制，也有一些民口企業開始為軍工單位提供協作配套產品。國務院、中央軍委先後制定了《武器裝備研製合同暫行辦法》和《國防科研試製費撥款管理暫行辦法》等規範性文件。1997年3月，全國人大通過了《中華人民共和國國防法》，其中專門設置了「第五章 國防科研生產和軍事訂貨」。其後，中央軍委頒布了《中國人民解放軍武器裝備管理條例》和《中國人民解放軍裝備科研條例》等，國務院、中央軍委頒布了《武器裝備科研生產許可管理條例》和《關於建立和完善軍民結合、寓軍於民武器裝備科研生產體系的若干意見》等，國防科工局、總裝備部聯合印發了《關於鼓勵和引導民間資本進入國防科技工業領域的實施意見》等規範性文件。

二、新時代推進國防科技產業集群發展的政策

進入新時代以後國防科技產業發展迎來了新的發展機遇，國家

在頂層設計中為國防科技產業發展指明了方向。黨的十八屆三中全會通過的《中共中央關於全面深化改革若干重大問題的決定》提出，要健全國防工業體系，完善國防科技協同創新體制。黨的十八屆五中全會通過的《中共中央關於制定國民經濟和社會發展第十三個五年規劃的建議》提出，要深化國防科技工業體制改革，建立國防科技協同創新機制。黨的十九大從構建一體化的國家戰略體系出發，提出「堅持富國和強軍相統一，強化統一領導、頂層設計、改革創新和重大項目落實，深化國防科技工業改革」。在戰略規劃的層面，出抬了《經濟建設和國防建設融合發展「十三五」規劃》《「十三五」國家戰略性新興產業發展規劃》和《「十三五」國防科技工業發展規劃》等規劃。在具體的產業規劃層面，出抬了《新一代人工智能專項規劃》和《「十三五」衛生與健康科技創新專項規劃》等規劃。在管理和服務層面，出抬了《關於加快吸納優勢民營企業進入武器裝備科研生產和維修領域的措施意見》《經濟建設與國防密切相關的建設項目貫徹國防要求管理辦法（試行）》《關於加快推進國防科技工業科技協同創新的意見》和《軍工涉密業務諮詢服務安全保密監督管理辦法（試行）》等文件。地方層面也出抬了大量的政策性文件，如四川省委通過的《四川省全面創新改革試驗實施方案》等文件，對推進國防科技產業發展做出了進一步的安排。

第五節　中國國防科技產業集群發展存在的問題

雖然國防科技產業和集群發展迅速，但由於國防科技天然受軍

工傳統行業領域分割，以及國防各領域需求的不均衡性等各方面的原因，產業集群發展也存在諸多問題。

一、產業自身存在的問題

（一）集群內國防科技產業規模偏小，數量多但不強

儘管近年來國防科技產業發展整體態勢良好，形成了一批比較有實力和行業代表性的產業集群。但國防科技產業較為分散，其規模還不大，軍工產品的本地配套率較低，能在全國範圍擁有一定市場份額的企業還不多，在全國、全球市場競爭中還缺乏優勢，名牌產品數量和市場份額占比不高，競爭力不強。大部分產業集群仍然處於發展的初級階段。

大部分民參軍企業主要為軍工龍頭單位提供配套產品，有實力的民營企業參與國防建設的也不多，涉及軍民核心技術項目的則更少，民參軍尚未全面發展到深層次的水準。同時，雖然部分企業近年快速發展，但一旦市場不能正常運轉，企業就會陷入泥潭。集群內部企業間沒有形成良好的協同關係，沒有達到整個產業鏈互動，也沒有增強企業間的創新能力，所以處於產業集群的最初級形態。

（二）產業集群的創新能力不足

部分地區國防科技產業集群科研能力整體水準不高，軍轉民兩用技術的產業化發展涉及高新技術尤其是核心技術的項目並不多，許多軍民兩用項目和民用企業生產同類的產品，對新興領域、戰略前沿、核心技術的關注不夠，創新基礎薄弱。

地方高校特別是省屬高校和省級科研機構參與國防科技產業的力度遠遠不夠，依靠軍工企業自身研發以支撐產業核心技術升級的速度較慢。再加上部分軍工龍頭企業的改制、改革、目標調整等原因，存在科研人員流失情況，影響了創新能力的提高。一些軍工企業的科研力量主要集中在上級集團公司，自發的軍民技術合作、協同創新難度較大。

在體制創新方面，企業往往參與較少，政府也很少徵求企業的意見。同時企業自身的制度創新也相對緩慢，受過去國家經濟體制的影響，國防科技企業對自身產品、技術、服務等方面的管理機制相對固定和封閉，改變相對困難，其他組織也很難參與進來。中國的現代企業制度和現代產權制度的施行時間不長，缺乏成熟的可借鑑的模式，多數現行機制很難與軍民兩用的新形勢相契合，尤其是正在探索和改革的軍民兩用技術產品市場，對新模式、新機制的探索還需要加大力度。

(三) 產業集群的投資驅動依賴強，內生增長能力弱

目前大部分國防科技產業形成的集群不穩定，無法通過自身的收益支撐快速發展，產業成長力不強，集群化發展處於初級階段。現有集群發展主要依賴國家投資驅動和政府直接推動。

二、地方政府規劃組織實施問題

(1) 軍民產業發展規劃未能同步協調

地方政府希望國防科技產業長遠發展，帶動地方經濟提升，就必須與位於本地的軍工集團、所屬分公司以及當地大型軍工的關聯

企業形成捆綁式的發展模式，依託其巨大的輻射作用帶動區域其他相關的企業發展，逐步培育新的配套供應產業鏈，形成區域強大的發展合力，實現地區各類資源的最優化配置。但在某些地區，地方政府在進行國防科技產業規劃時，在發展定位、發展思路、發展路徑方面未能同國家、軍工集團公司和下屬軍工單位的規劃保持協調，所編製的產業發展規劃在方向上存在差異。

（2）本地區產業集群統籌規劃不足

儘管全國多省已經制定實施了本省重點產業發展規劃，但是沒有根據國防科技產業發展情況制定本省的國防科技產業集群發展相關規劃。國防科技產業存在散、亂、泛的現象，不能有效地促進國防科技產業集群的形成，不利於進一步增強國防科技產業的競爭力。例如，市級及以下民參軍企業多以單打獨鬥形式存在，不能形成合力，部分國防科技產業存在重合或同質性，分散了產業力量。

（3）政府在民參軍方面推動力不夠

國防科技領域具有資金密集、技術密集、人才密集的特點。政府在推動軍轉民方面不管是從政策傾斜還是資金支持，都做了大量工作；而在民參軍方面，政府的推動力明顯不夠，出抬的諸多推進政策也難以落地。相對於國防科技企業，民營企業需要更多制度保證、資金支持以及產權保護。現有諸多配套不完善和體制機制障礙導致民企「參軍」數量增長緩慢，影響了產業集群的發展。

（4）軍民兩用產業園區同質化現象普遍存在

不少地方政府為了推進軍民融合國家戰略在本地實施，未切實結合當地資源情況和現有國防科技產業基礎條件，倉促推進軍民兩用產業園區建設。同時產業園區科學規劃論證、推進落後，產業定

位不清，引入的軍工產業與既有產業關聯度小，園區平臺功能不全、配套不優。有的地區脫離實際，本可以依託已有的基礎條件卻另起爐竈，盲目走要新項目、建孤島再整合的老路。這些現象導致軍民兩用技術園區對地方經濟的輻射帶動作用有限，軍民互動效應難以形成，產業協同效應差，並不同程度地出現與其他地區園區同質化競爭的現象。

三、產業發展環境問題

(1) 產業集群成長的市場環境欠佳

傳統軍工企業受體制的影響，導致軍工企業處於封閉狀態，參與市場的意願不強。軍民分割的現狀也為國防科技產業集群發展帶來了要素市場流通的障礙。大部分軍工企業的民品和第三產業產值雖然早已超過企業總產值一半以上，但多數是「軍」與「民」分割。由於軍隊需求和市場競爭的變化，有的企業還未涉足民品開發，有的則是忽視軍品而發展民品。軍工單位普遍存在生產成本較高、生產線開工率低、軍民兩用轉化程度低等問題，企業科技和生產優勢發揮不明顯。同時，民營企業進入軍工市場困難，存在較多的壁壘和障礙，只能做一些簡單的配套工作。如何打通壁壘、擴展整個國防科技產業集群的市場，讓「軍」與「民」共同參與其中是亟須解決的問題。此外，一些與市場建設密切相關的金融、信息服務、人才、資金配套體系也亟待完善。

(2) 產業集群內未形成有效的網絡體系

由於資源整合和管理創新發展的階段性限制，目前全國各地絕大部分地區產業集群水準還處於初級階段，僅限於產業集聚。集群

內部企業之間的關聯度並不高，僅依靠政府的優惠政策和廉價的土地吸引集聚的相關企業之間缺乏內在聯繫，相互依存的專業化分工協作網絡體系尚未形成，無法有效發揮和形成群體有機組合和有效聚集的競爭優勢和規模效應。這阻礙了相互聯繫、優勢互補的產業鏈條的形成和延伸，也無法完成產品技術方面的協同創新，並影響了集群整體競爭力的提升，無法形成集群內的「柔性綜合體」和「區域創新網絡」。

（3）國防科技產業創新要素供給不足

國防科技產業多元化投融資體系尚未建立。資本缺口是制約產業集群發展的首要因素。雖然部分省區先行先試，設立了百億元規模的省級國防科技產業投資基金，但是國防科技產業的資本市場融入度較低，缺少產業鏈長、輻射帶動大的龍頭產品和項目；上市公司少，適合軍民兩用科技的金融投資服務產品稀缺，未形成國防科技產業的多元化投融資環境。此外國防科技產業高端人才支撐不夠：一是國防科技創新人才庫建設與支撐的管理體制和運行機制不完善；二是國防科技創新人才需求側和供給側匹配度不高；三是國防科技創新人才支撐服務體系和服務平臺不健全。

四、體制機制問題

近年來，在體制方面，由於軍工企業生產制度和條塊管理的保密需要等因素，國防科技創新進展比較緩慢，軍工企業發展與地方經濟發展沒有完全融合，使軍工企業對地方經濟發展的影響並不是十分顯著。

在機制方面，國防科技產業發展統籌協調機制不完善，國家部

委、軍隊、省和地方各自為政，不能統籌協調產業集群規劃編製、政策研究、項目實施、考核評估等工作，制約了國防科技產業發展。市場機制缺失，部分國有企業壟斷使軍民雙方在市場競爭中處於不平等地位，極大挫傷了民參軍積極性。國防科技成果轉化機制不暢，限制了軍民共享技術產業發展。擁有國防科技成果的軍方與需求方的民口企業雙方信息共享機制不暢，國防科技成果的持有單位不敢轉、不願意轉、不會轉、不能轉，軍工技術轉化平臺缺失等原因限制了軍民技術共享，也進一步阻礙了國防科技產業集群的發展。

五、政策法律體系的問題

（一）政策多，法律少

中國國防科技產業發展面臨的首要的制度性問題就是，總體呈現出政策多、法律少的態勢。特別是在國防科技參與主體多元化的情況下，各參與方的權利、義務、責任等缺乏更明確的界定，各參與主體行為沒有充足的法律依據，在實踐探索的過程中摩擦不斷，阻力重重。中國推進國防科技產業發展大多採取出抬意見、辦法等政策形式，從中央到地方都出抬了數量龐大的政策。但目前還沒有出抬推進國防科技產業發展的基本法律，現在推進措施主要是有關國防、武器裝備、科技促進方面的法律，且出抬時間已久，很多已經無法適應新時代國防科技產業融合的發展需求。

（二）法規多，基本法律少

現有關於國防科技產業發展的法律出抬得甚少，法律位階低。

目前，缺乏相對完整體系化的基本法律制度，相關法律規範主要散見於不同的法律法規中。在相關法律規範中，有很大一部分是地方性法規或者行政法規，其中主要是國務院和軍隊出抬的一些法規、規章，缺乏由全國人大及其常委會制定的專門的基本法律和法律。

（三）政策法律缺乏，體系不完備

現有關於國防科技產業發展的法律甚少，而且主要集中在國防科技轉化和保密管理等方面。而法規、政策關於武器裝備管理、科技建設等的內容較多，在產業集群的實際發展中，很多產業發展受到法律強制性限制無法進行實質性推進。

（四）政策法律的可操作性不強

中國許多政策和法律受社會發展變化快等客觀因素和「宜粗不宜細」立法思想等的影響，總體上都比較粗疏。因此，需要出抬更為細化的具體規定和實施細則，才能真正保障運行機制的順暢和政策法律意圖的落實。而當前在國防科技產業集群發展中大量政策都沒有真正實現落地，如知識產權保護是集群發展的關鍵，現在相關的配套措施尚屬空白。而已出抬的政策和辦法都是戰略性的規定，並不具體，難以落地執行。

第五章　國防科技產業集群發展的動力機制分析

產業集群化受產業內外部條件的影響與制約，是政府、企業、科研院所等主體共同作用的結果，是市場進行資源配置的產物。國防科技工業產業在影響因素、發展動力、作用機理方面都具有特殊性。本章對中國國防科技產業集群化的動力機制進行分析，探尋其內在規律，為中國國防科技產業集群發展提供支撐。

第一節　國防產業集群化的影響因素

產業集群的形成與發展是產業的內部因素和外部因素共同作用的結果。產業從最初的企業在地理空間上的集聚再到產業鏈上的集聚以形成完整的產業集群的過程相當複雜，其集聚結果和效應的發揮受到諸多系統的影響。但對其影響最大的還是產業本身，產業決定了所形成的產業集群的類型、形成的方式，換句話說，產業本身所具有的特點是影響產業集群形成和形成類型的內因；而一些外部環境，包括經濟環境、制度環境、社會人文環境等則是產業集群形成的外因。內因是事物發展的根本動力，也對事物的發展方向、過程、結果起到決定性的作用，但我們同樣不能忽視外因的作用，國

防科技產業集群的形成是內因和外因相互作用的結果（圖5-1）。

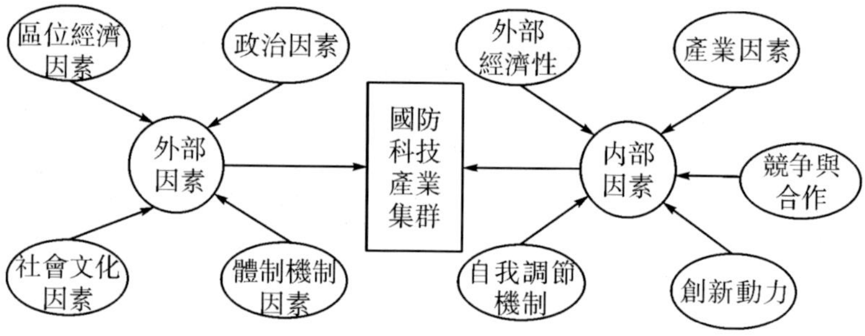

圖 5-1　國防科技工業產業集群化的影響因素

一、外部因素

外部因素通常是指企業所處的政治因素、區位經濟因素、社會文化因素、體制機制因素等。這些因素發揮作用的大小由產業發展的類型、階段所決定。

（一）政治因素

政府作為產業集群的政策支持者，確定地區產業發展的總體規劃，發布相關政策，提供相關資金、制度、稅收方面的便利以促進地區產業集群發展。政治因素是產業集群形成的有利條件，也是推動集群發展的重要外部動力。一是政府的政策支持在很大程度上能夠引導企業形成簡單的集聚，同時，政府制定各項措施進行調控、影響和促進集群發展；二是政府作為市場的監管者，能夠為地區經濟發展和產業發展提供良好的監管環境，保證地區產業有序、合理發展。

從世界競爭力來看，在其產業內，一些具有國際競爭力的企業通常是集聚而非分散的。中央及各地政府為推動集群的發展也在積極推動相關政策的制定與實施，從而加快形成地方產業集群以及更深層次的產業創新集群，形成區域集群文化。一般來說，當產業集群形成以後，可以通過多種途徑提升整個區域的競爭力，並將這種力量形成集群，以促使當地政府核心競爭力的形成，為當地政府及當地居民帶來更多高新技術人才、增加就業崗位以及推動經濟模式的改變和區域經濟的發展。以美國硅谷和「128 號高速公路帶」為例，這些產業集群的形成就是政府、大學、企業家之間的緊密合作的結果。

(二) 區位經濟因素

區位經濟是指地區經濟發展的基本情況。經濟因素與地區基礎設施建設、交通、物流、土地要素價格、市場規模等緊密相關。而這些都是影響企業生產和發展的主要因素。關於區位經濟論，1991年克魯格曼融合了張伯倫的壟斷競爭思想和迪克西特–斯蒂格里茨模型，在此基礎上提出了新經濟地理理論。該理論以壟斷競爭和規模報酬遞增為基礎研究區位要素對企業生產經營決策的影響。此後西方的各大經濟學家開始了對區位問題的研究，區位選擇也成為企業決策的主要內容之一。區位問題研究學派，分為新古典、行為主義和結構學派。這三個流派在主體經營活動中的行為、動機和目標，經濟體系是否具有同一性或差別性，區位決策怎樣與企業的其他重要決策和生產經營過程相組合的問題上都具有不同的看法。新古典區位論採用傳統的演繹方法，以產業的空間佈局為核心，對企業經

濟活動的區位分佈特徵和空間聯繫對企業生產經營的影響進行考察，通過不同區位上企業經營收益與成本之間差異的比較，尋找差異最大的區位作為企業選擇的最佳區位。古典區位論則是重點研究企業收入與企業產品運輸費用的關係以選擇最佳區位。如杜能（J. H. von Thuncn）通過對農業產業收入與運輸距離的研究，將運輸費用最小作為農業產業區位選擇的依據。對於國防科技產業集群，區位經濟要素會影響到企業的生產成本、基礎投資、運輸費用、市場需求，這些要素與企業的生產經營成本和利潤緊密相關，企業生產經營決策也必須將這些因素考慮在內。

（三）社會文化因素

產業集群一個顯著的特點便是地方根植效應，因此一個地區產業經濟的發展壯大在很大程度上與地區的社會文化因素有關。社會文化環境根植於特定區域文化的企業之間的網絡式社會文化環境，是集群最難以被模仿的驅動力量。社會文化條件對地區產業集群的作用主要體現在產業鏈各端企業之間彼此信任關係和網絡的建立離不開共同的文化傳統、價值觀、行為規範等，這種牢固的信任關係對降低產業發展的風險具有重要意義。具有相同文化背景和制度背景的企業之間的融合，其黏合效應更強，其經濟行為更具可靠性，從而減少機會主義行為。由此產生的聚合作用使眾多企業緊密聯繫在一起，強化區域凝聚力，從而形成合力共同促進地區經濟發展。

（四）體制機制因素

體制機制因素即地區產業集群發展的體制環境。體制因素是地

區生產力、生產關係和上層建築之間組織關係的制度，涉及政治體制、法律法規體系、工作運行體系、組織管理體系等各方面。這些體系為產業集群的發展提供強有力的支撐，保障產業集群的快速形成。其中，法律法規體系為產業集群發展提供法律支撐，良好的工作運行機制和組織管理體系則能夠提高地區政府各部門、企業的運作效率。

二、內部因素

(一) 外部經濟性

首先，產業集群的外部經濟性體現在企業產業集群形成的規模經濟效應。集群內的企業通常共建共用相關基礎設施以及其他公共資源，減少了企業設施投資費用，對縮減企業成本具有重要的意義。其次，集群產生的外溢效應對集群內技術、知識、產品的創新起著至關重要的作用。技術、知識的外溢使得企業能便捷地獲得與自身生產經營有關的技術信息、市場信息、產品信息，在促進技術產品創新升級的同時而不用付出過多的成本，而獲得的途徑則為企業之間的模仿創新，這種現象在集群內是最為普遍的。此外可以通過企業之間的交流以及企業員工之間的交流促進技術知識的外溢。最後，產業集群是各企業信息收集的主要途徑。通過對產業集群內其他企業的研究，企業可以輕鬆獲得相應的產品情況、服務情況、市場需求情況等信息，很大程度上節約了企業信息獲得費用。

（二）產業因素

產業因素是地區產業集群最基礎的條件。產業集群通常以地區優勢或支柱產業為基礎，產業的特性決定其集群化的難度、規模等。地區產業集群的形成必須滿足以下條件：

1. 生產過程可分解

生產過程可分解包括產品可分解、技術工序可分解。只有生產過程可分解才能讓更多的企業進入，形成完善的分工體系和產業鏈。通常情況下，產品和技術分解的層次越多，產業鏈越長，集群的規模越大。

2. 產品可運輸

產品可運輸是指廠商生產的產品可以進行區域間的轉移，這是形成產業分工和供應鏈的基本條件。如果產品不可運輸或者運輸難度大、成本高，在技術工序上就很難進行有效的分解。

3. 產品差異化

產品的差異化不僅可以促進創新，豐富產品系列，使整個集群規模不斷擴大，還可以避免在地理位置鄰近的企業因為同質生產而產生惡性競爭。

（三）競爭與合作因素

在產業集群形成過程中，隨著生產規模和市場需求的擴大，專業化分工的趨勢愈加明顯，為了使自身能夠在產業鏈中保持競爭優勢，各企業不斷加快自身技術、管理等方面的優化和升級。一些地理上集中的企業和大量相關產業聚集特定區域內，受地理位置趨近

的影響，產業鏈核心企業會選擇各項實力最優的企業作為合作對象。這將在產業集群和產業鏈內部形成「優勝劣汰」的選擇機制，各企業為了自身發展會不斷加快創新的步伐，從而提高自身的競爭力。企業之間建立起來的協作分工關係，促使企業在價值鏈上各環節聚集。在大部分市場經濟國家中，其創新體系主體多是企業。因此，知識轉移最直接、最主要的形式便是企業間的技術合作以及其他非正式互動關係，產業集群內的不同企業之間有效合作是集群企業的獨特優勢。利用經濟學的解釋，產業集群是企業間為降低專業化分工產生的交易費用和獲取分工產生的報酬遞增而在特定區域集聚的一種空間表現形式。對於多數行業而言，產業集群一方面促進了產品生產的專業化分工，推動上下游產業的協同發展，另一方面保證了技術的安全。

此外，通過專業化的分工使集群內企業擁有自身的獨特技術和產品優勢，從而保持自身技術、產品結構的異質性，形成術業專攻的局面。這對於各企業針對自身經驗範圍實現高速高質的技術和產品創新具有重要作用，由此帶來的技術快速升級提升了企業核心競爭力，讓企業自身成為產業鏈上不可或缺的一部分；也使產業鏈上企業之間的合作關係更加牢固，彼此之間的依賴性更強、聯繫更緊密，從而形成牢固的集群內部網絡關係。

（四）創新動力

創新是產業集群發展動力的主要源泉，集群既有助於提高生產率，也能夠促進企業創新。產業集群對創新的影響主要表現為：一是為企業提供較好的創新環境，將企業之間的距離拉近，使競爭壓

力轉化為創新動力，促使企業不斷進行技術改革和創新，實現管理流程再造，從而適應多變的市場需求。二是形成技術和知識的外溢。集群中的產業佈局通常會相互關聯、高度專業化且有規律地聚集在一起，而非工業經濟時代不同行業的簡單聚集。通過這一方式形成的各具特色的產業集群會受到產業鏈上各企業的相互影響。如果產業鏈上某家企業的產品和技術實現了創新，那麼其他相關產業共享到這個信息後必將也會相應進行技術升級換代。尤其是產業鏈上的核心企業，其主導著整個產業鏈的技術和配套需求，其產品和技術一旦發生變化，其他配套企業必然跟著發生變化。三是企業間密切合作，將有利於一些新思想、新技術、新觀念和新知識的傳播，這種創新集中體現在技術、制度、環境、觀念及管理等多方面。

（五）自我調節機制

自我調節機制主要是指產業集群主導企業通過學習，實現自我調節。通過與市場高度接近，核心企業與客戶相互學習，有助於促進產品創新；與配套企業之間相互學習，對改善自身的各項生產技術、管理制度大有裨益。通常集群整體效益會影響到集群內各成員單位自身的利益，驅使下游企業更主動地為上游企業提供市場、技術信息，同時下游企業與上游供應商之間更多地共享設備資源、技術資源，實現自我調節以適應各種外部變化。此外，在新產品開發活動中，供應商不僅為企業開發活動提供技術知識支持，而且還提供物質支持。企業向仲介機構、大學及研究機構學習，這些機構聚集了大量的信息、技術、投資、管理等方面的專家，能為企業提供專業化的服務，作為與外部的紐帶，實現集群與外部知識的交流和

溝通。

第二節　國防科技產業集群化的利益相關者分析

從全世界各地各行業產業集群形成來看，企業、政府、高校或研究機構都扮演了重要的角色，其中企業和高校產業集群不斷演化為發展的核心，政府通常則起到引導、促進的輔助作用。中國國防科技工業產業集群參與的主體包括政府、國防科技工業企業、民營企業、高校或研究機構等。

一、政府

政府是地方國防科技工業發展規劃的制定者，也是促進地方國防科技工業發展的政策制定者。政府所提供的政策支持、經濟監管、資金支持、土地資產等會促進國防科技企業和相關的關聯配套企業開始聚集。因此充分發揮各級政府的推動作用，將會在很大程度上促進國防科技產業的軍民結合集群化發展，依靠產業鏈的拉動效應帶動地方經濟建設的全面發展。

首先，國防工業作為一個產業需要擔任經濟任務，還有著建設國防事業的偉大使命。國防工業與國家主權、領土安全有著密切的關聯，是實現強軍夢的主要組成部分，同時也是實現經濟高質量發展的重要力量。其次，國防工業無論是需求方還是出資方都只能是國家政府。無論國防建設還是國防工業發展政策都是由國防部門制定。從投資主體來看，國防工業相關產品涉及領域廣，大多數都是

高精尖產品，因此其研發過程需要的資金多，研究週期長，風險大，這也決定了其投資方主要是政府；從需求方來看，其產品的主要採購者也是政府，用於滿足國家國防建設的需要。技術難度大再加上國防安全技術需要高度保密的需要，軍工產業的准入相當嚴格，國家也實行嚴格的把控。

從世界競爭力來看，在其產業內，一些具有國際競爭力的產品企業通常是集聚而非分散的。中央及各地政府也在積極推動國防科技產業的軍民結合相關政策實施，加快形成產業集群以及更深層次的產業創新集群，通過引導各大企業之間相互協作以及自主創新，推動產業技術升級和革新，從而發展成一種具有較高競爭優勢的高級階段的產業組織形式。一般來說，當產業集群形成以後，可以通過多種途徑提升整個區域競爭力，並將這種力量形成集群，以促使當地政府核心競爭力的形成。通過軍民融合戰略形成新型的產業集群，能為當地政府及當地居民帶來更多高新技術人才，增加就業崗位，並推動經濟模式的改變和區域經濟的發展。

二、國防科工企業

國防科工企業是國防科技工業產業集群的核心，擁有強大的國防科技產品研發製造能力，對於民企供應的產品具有強大的集成能力。因此，依靠國防科工企業強大的輻射帶動能力能夠實現產業快速聚集。

民營企業在產業集群中通常作為上下游配套企業，通過進入國防科技工業領域的產業鏈，為國防科技工業企業提供產品配套等。

三、科研機構

高校和研發機構擁有強大的研究基礎優勢，其在研發能力、人才優勢等方面是其他機構不能比擬的，其作為技術知識儲備庫和創新的源頭通常能為產業集群的企業提供強大的技術支持。

一是國防科技產業發展的創新主體日趨多元化。隨著中國軍工產業的快速發展，政府關注的不僅僅是國防科技產業的軍轉民理念，還強調其他相關主體參與國防科技產業的思想。越來越多的地方政府、民營企業、科研院所和高校等逐步都加入國防科技產業的創新研發活動中。

二是各利益主體共同創造較好的創新環境，將不同主體之間的距離拉近，通過其相互競爭的隱形壓力，促使技術的不斷改革和創新，實現管理流程再造，從而適應多變的市場需求。各主體間密切合作，將有利於一些新思想、新技術、新觀念和新知識的傳播，由此產生知識溢出效應。

三是促進知識和技術的轉移擴散。產業集群能夠促進新技術和新知識的擴散，同時技術知識外溢效應也會帶動產業集群整體競爭實力的發展，兩者存在的自增強效應是相互作用的。新形勢下，產業佈局通常會相互關聯、高度專業化且有規律地聚集在一起，而非工業經濟時代不同行業的簡單聚集。通過這一方式形成的各具特色的產業集群，其龍頭企業充當了整個行業的方向標。不論是某一處生產工藝還是技術專業取得新的進展，整個產業鏈的企業都能夠從中獲益。集群內所有企業深度融合，共同推進集群發展。

四是降低國防科技產業的企業創新成本。由於企業之間地理位

置相對聚集，相互間的頻繁交流成為常態，這為企業創新發展提供了便利的條件和機會，尤其是隱性知識的交流，更能激發新思維。許多新方法的產生，將降低新產品開發和技術創新成本。

四、其他機構

其他機構包括仲介機構、代理機構等，其在產業集群中通常扮演輔助角色，它們通過市場機制在軍工產業集群化過程中發揮著越來越重要的作用。在社會主義市場經濟的大環境下，隨著國防科技產業體系的持續發展，無論是軍品訂貨還是國防科技投入，都將面向市場，引入競爭機制和效益導向。

首先，核心技術標準和專利是實現市場價值的最有效法寶。在大部分行業中，技術標準和專利的建立基於用戶對產品的品牌價值和創新能力的認可，由此獲得穩定的市場份額，進而作用於整個產業體系。在國家發展戰略下，產業集群能夠更加有效地制定相應的技術標準，標準與同時期的科研學術動態保持一致，標準同時也是學術上的成就。其次，習近平總書記提出的「多領域融合」內容中，多次強調，要在金融領域服務國防科技產業深入發展方面加大支持力度。在新時代的國防科技產業發展過程中，金融主要承擔著「輸血」的功能，國防事業的發展離不開金融系統的支持。金融系統通過自身功能積極盤活社會資金和市場資金，通過資本的不斷流動，也推動了高新產業的高質量發展。

國防科技產業集群深入發展的關鍵時期，無論宏觀經濟調控還是微觀經濟個體都應該為國家發展戰略服務，爭取實現經濟高質量發展和現代化國防事業建設的雙贏局面。一方面，國家和政府要大

力加強對國防科技產業集群的財政支持，完善相應的金融政策和規章制度，及時給國防科技產業集群的發展「輸血」。另一方面，各大企業要發揮自身的「造血」功能，利用技術轉化和產業發展，不斷提高自身效益，通過債券、股票等方式引入更多的社會資本。通過與銀行等金融機構建立深度合作的關係，提高自身融資效率，借助貨幣市場推進相關利益主體縱深發展，國防科技產業相關企業將會更深層次地參與市場競爭，合作共贏。主動將民用技術和軍用技術融合起來，使二者相互借力，在產業集群的條件下利用市場這只「無形的手」進行調節。

第三節　中國國防科技產業集群形成的機理與條件

一、國防科技產業集群化的作用機理

國防科技產業集群作為一個複雜的產業組織形式，其形成與發展是多方面要素機制綜合作用的結果。產業集群始於最初少數幾個企業在空間上形成的簡單集聚，在綜合地區資源條件、產業基礎、政策體制、社會文化的驅動因素後初步形成。

在這些要素中，資源條件、社會文化、政策體制等屬於外部驅動要素，是推動國防科技產業集群形成的主要推動力。產業基礎則屬於內部驅動要素。首先，國防科技產業集群的形成必須以國防科技產業為核心；其次，國防科技產品必須具備產品可分解和技術可分解的特徵。這是國防科技產業集群形成的基礎條件。產業集群形成後會出現規模經濟、技術外溢、分工協作、協同創新的集群效應，

這些效應使得集群內企業自身不斷發展，實力不斷壯大，最後使得整個集群的實力、規模不斷壯大（圖5-2）。

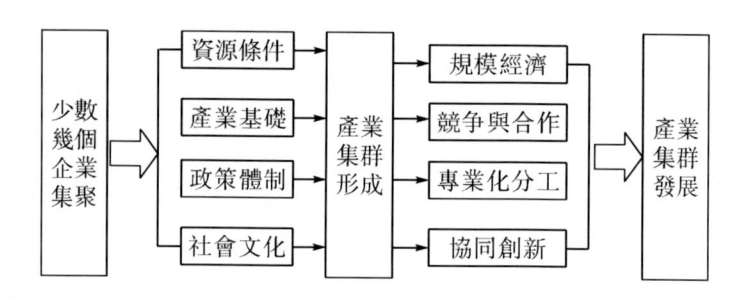

圖5-2 國防科技產業集群驅動要素作用機理

二、中國國防科技產業集群化的條件

國防科技產業集群化發展除了受一般經濟規律的影響，還具有其獨特的客觀規律，在形成產業集群的過程中，需要具備資源的可獲取性、產業發展條件、龍頭企業帶動等方面的條件（圖5-3）。

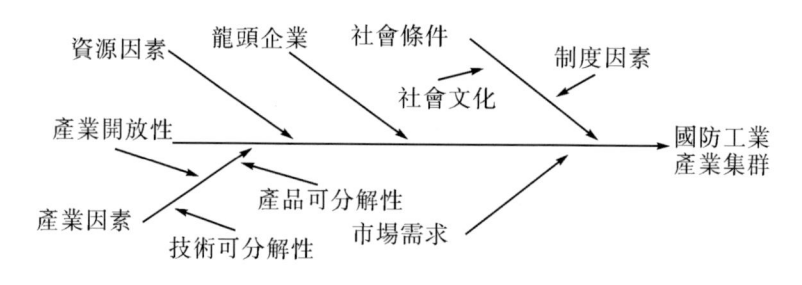

圖5-3 國防科技工業產業集群化的條件

（一）豐富的資源是國防科技產業集群化的重要條件

資源優勢是產業集群形成的直接誘因，也是形成集群競爭力的

主要條件。某種產業在一個地方能夠進行集群化的大規模生產，必須有一定的生產要素支撐，並且是具有競爭力的地方特色生產要素。生產要素不僅包括自然資源，如氣候、地理位置等，還包括非自然資源，如技術、人才、資本、經濟基礎等。一些特殊產業，在空間分佈中受到地理位置、經濟基礎等因素的影響會具有一定的區域集中的傾向。由於資源在各地區分佈的不平衡性，企業會根據自身所在行業對某種資源的依賴程度而選擇投資建廠的區域。

國防科技工業是國家國防安全的保障，在區域選擇上必須從國家安全出發。從行業屬性來看，國防科技工業屬於典型的裝備製造業，對技術、人才、資本、自然資源的依賴性極強，如果地區具有這些資源的競爭優勢，將十分有利於國防科技產業集群的形成。從產業鏈方面看，國防科技產業具有產業鏈長、產業關聯度高的特點。

從產業鏈的上游來看，國防科技工業涉及金屬礦產、石油、冶金、煉鋼、化學原料等材料供應，這些自然資源要素的組合與分佈對中國的國防科技工業產生了重大的影響。例如中國的船舶行業主要分佈在珠三角、長三角和環渤海地區。從下游來看，則涉及運輸、維修、銷售等各方面的輔助支持，其對交通、信息服務、地區基礎設施等要求較高。例如中國的電子信息產業集群主要分佈在經濟發達的深圳、上海、北京、武漢等地區。當然，技術的先進性決定了國防科技工業的整體實力，與軍工院校、科研機構、大學合作尤為重要，地區技術研究機構的分佈和數量也是決定其產業發展的關鍵。

（二）產業因素推動或限制國防科技產業集群化

（1）產業的開放性差限制了國防科技產業集群化

從國防科技產業的開放性來看，中國國防科技工業出於對國家安全的保護，其最初的發展處於一個封閉的系統中。各大軍工集團自成體系，在產業配套、交流、競爭合作方面，與外界其他行業都出現嚴重的分割，因此在資源配置、研發生產等方面的效率較為落後。近年來，在國家政策的鼓勵下，其系統的開放性逐步提升，許多民營企業、社會機構加入國防科技工業研發和生產的產業鏈中，在產業鏈的各端發揮各自的作用。

（2）產品可分解性強是國防科技產業集群化的優勢

雖然中國國防科技工業的開放性較低，但其產品的可分解性使其存在產業集群發展的巨大潛力。國防科技產品工藝複雜，設計工序多，可分解性較強。以國外國防科技產業集群為例，在產品的分解上，實現零部件、原材料等分解產品的社會多元化供應，鼓勵社會資源廣泛參與。由於產品的可分解性，在以國防科技工業企業為核心的產業集群網絡中，核心企業負責總體設計、核心技術的研發、核心設備控制以及相關的組裝集成任務；供應商、承銷商等分別負責上游的材料供應、零部件供應和下游的分銷、服務等輔助性支持工作。

中國國防科技產品分解度較低，現有的產業集群中，民營企業只是作為簡單的配套企業做一些邊緣性的產品工藝，大部分的材料、部件供應工作依舊掌握在國防科技工業企業自身手中。由於准入門檻、體制機制壁壘原因，民營企業無法充分進入，被限制在價值薄

弱的環節，這也是現有國防科技產業集群規模小、發展不充分的主要原因。國防科技產業集群是由國防科技工業企業、民營企業、研究機構等組成的新型產業組織形式，其形成需要不斷突破壁壘，建立開放的多元參與機制。隨著市場化水準的不斷提升，國防科技產品分解層次也會突破原有體制機制的限制，逐步形成規模化的產業集群。

（3）技術可分解性為國防科技產業集群化提供了保障

國防科技產品的複雜性是由技術的複雜性所決定的。技術的可分解性是影響產業組織模式形成與選擇的重要維度。技術複雜且可分，是形成企業組織網絡和專業化分工協作體系的重要基礎。相反，如果技術不可分或者可分性弱，那麼眾多生產環節只能在一個企業內進行，最終形成「大而全」的一體化企業。目前，中國幾乎所有國防科技工業企業都是「大而全」的生產體系，但這並不代表其技術不可分解。

國防科技產業技術的主要特徵可以概括為：以一個或少數幾個技術難度大的核心技術為平臺，其他關鍵關聯技術為依託，輔以上下游關鍵材料和生產性服務。通常如果對國防科學技術進行分解，可以將其分為多個技術模塊，每個模塊可以實現自主設計和開發創新。與傳統的一體化模式相比，將其分為設計、生產、檢驗、實驗、調試、維修。除了核心環節以外，眾多民營企業、承包商等可以進入自身所擅長的環節，形成專業化的分工協作體系。技術分解可以實現整個技術體系的創新，與原有的一體化相比，可以減少企業創新研發的費用，降低技術研發難度，形成術業專攻的局面。

(三）龍頭企業是國防科技產業集群化的推動者

產業集群的形成必須有一個或多個核心企業，核心企業的經濟活動會對整個區域相關產業的發展產生重大的輻射和帶動作用。

國防科技產業集群都以大型軍工企業為核心，這些大型軍工企業有較強的歷史繼承性，經過多年的發展已在當地形成了較大的規模，適應了地區發展的環境、文化等。這一點在中國表現得尤為明顯。中國的國防科技產業集群發展經歷了三個不同的歷史階段，每一個歷史階段的發展都對各個國防科技產業的佈局產生了重大的影響，尤其是在「三線」建設時期，其基本奠定了中國國防科技工業佈局的基礎。

(四）市場需求是國防科技產業集群化的根本條件

國防科技產業市場主要包括最終產品市場和中間產品市場。最終產品市場受到最終購買者的影響。波特（2002）認為區域市場需求和具有超前消費觀念的購買者能夠催生出區域產業集群。對中國國防科技產業集群來講，早期最終產品市場的購買者為政府。由於國防科技產業事關國防安全，政府通常是國防產品的唯一購買者，同時政府對國防科技產品的需求受到國內外因素的影響，導致其需求呈現出較大的波動性。但隨著一些技術的民用轉化和市場化，技術應用範圍逐漸變得廣泛，其最終產品的需求方不光有政府，還有整個全國市場。國防科技配套企業對中間產品進行生產製造和加工，再通過與軍工企業進行中間市場交換完成產品轉移，並延續其生產過程，成為最終產品的一部分——這一系列行為據以進行的市場可

稱為中間產品市場。最終產品市場需求對產業集群的規模有較大的影響，中間產品市場則對產業集群內部分工的專業化有較大的影響。

（五）社會條件是國防科技產業集群化的外部條件

（1）社會文化的地方根植性

地方根植性是指相關主體集中處於一定的區域範圍之中，具有相同或相近的傳統文化、宗教習性，以及其他各種制度規範。因此，在相似的文化背景下，集群中的各種主體更容易形成高度的信任關係和安全感，這能夠在很大程度上避免陌生交易中可能出現的各種問題，降低一定的交易風險。地方根植性強調的是同一地理區域內基本一致的語言、知識、道德規範、風俗習慣和價值標準，這會大大增強區域的凝聚力，從而提升產業集群的競爭優勢，進而促進區域經濟可持續發展。國防科技工業產業集群同樣建立在地方根植性的基礎上，相關主體頻繁交流互動進而建立起充分的信任和依賴關係，有力推動軍工產業集群的發展。以重慶汽車工業產業集群為例，集群內以「嘉陵」「長安」為代表的摩托和汽車產業相關企業在相互信任和依賴的基礎上建立起大家共同遵守的集群文化。地方根植性強調集群作為一種區域發展戰略模式的內力作用，這是其他競爭對手難以複製的優勢，它與產業集群的對外聯繫並不矛盾。

（2）制度因素

制度因素是指地方制定的政策、法律法規、組織管理體系等，體現了政府在產業集群形成過程中的作用。制度因素對國防科技產業起到引導、調控、監管的作用，同時又為產業集群的發展提供良好的環境和保障。儘管中國在促進產業集群發展的制度建設方面不

盡完善，但地方政府為促進地區產業發展所進行的制度建設不容忽視，對地方產業集群的發展依舊起到了較大的作用。

第四節　中國國防科技產業集群發展的動力

一、政府政策的引導

軍工產業是一國國防建設和經濟發展的支柱產業。在軍工產業的發展中，政府既是管理者，又是產品的買家和投資人。因此軍工產業有其他產業所不具備的先天財政優勢，政府對軍工產業的任何投資都能證明這種優勢。而國防科技產業集群將相關的軍工企業和機構集聚在同一區域內，更加放大了軍工產業的財政優勢。因為政府可以集中力量對產業集群所在區域進行基礎設施建設，加大對該區域的教育、科技等無形資產的投入，對軍工企業及上下游關聯企業採取一系列的稅收優惠等鼓勵措施。這種財政優勢是產業集群發展最有利的因素，是其他地方產業集群所不能比擬的。政府對軍工產業的投資本質就是中央財政轉移支付，這對於該區域吸引財政投資和爭取政策傾斜支持，從而進一步促進產業集群以及區域經濟社會發展具有重要意義。

縱觀全國國防科技產業集群的發展，各地方已形成大大小小產業園數百個。地方政府往往是地方國防科技工業產業園的推動者。政府通過土地、資金、稅收等優惠條件形成地區吸引力，促進產業向本區域集中，形成發展合力，不斷推動產業園的發展，最後依託產業園形成產業集群。

二、外部（規模）經濟效益牽引

國防科技產業通過產業集群在空間上形成集聚，一方面減少了企業基礎設施建設的成本，另一方面由集群產生的技術外溢、知識外溢可以降低企業獲取市場信息、技術研發等方面的成本。中小民營企業通過給大型軍工集團做產品配套工作，在信息、資金、技術方面可以得到軍工集團的幫助，對於提升自己的規模具有重要的意義。

三、競爭與合作機制的促進

在國防科技工業產業集群中，國防軍工企業、民營企業、科研機構等集聚在一起，在產品的生產、研發、製造方面開展競爭與合作。圍繞大型軍工企業這個核心，各配套企業之間、各級承包商之間開展競爭，通過優勝劣汰提升承包商、供應商的實力，從而提升產業集群的整體實力。此外，一個集群的整體實力不是各企業實力的簡單相加，需要各企業在產品、技術方面進行合作交流以促進深層次的創新，達到「1+1>2」的整體效果，最終實現整個產業集群的迅速發展。

四、專業化分工的要求

專業化分工是提高集群生產效率的主要途徑。國防科技產業集群通過內部產品分解、技術分解，將相關零部件、工序的加工生產交給承包商，形成專業化的分工協作體系，改變過去「一體化」

「大而全」的組織模式。由於產業鏈各部分的企業專注於自身的生產，其生產效率大大提高，從而使得整個集群的生產效率提高。

五、協同創新機制的推動

國防科技工業通過產業鏈的分工形成專業化的生產體系。在整個產業鏈中，某端技術發生革新後，通常將會推動整個產品的創新，形成新的產品或工藝。由於國防科技工業的產業鏈長，涉及的技術多，集群的技術外溢和分工的專業化使得創新更容易發生，而通過協同創新機制可以實現通過部分的創新帶動整體的創新結果。此外，在國防科技工業產業集群中，軍工企業、科研院所是國家技術創新的主要源泉，二者之間的交流合作促使產、學、研之間有效結合，從而推動整個產業的發展。

第六章　中國國防科技產業集群發展的路徑

本章對中國國防科技工業集群發展的路徑進行深入研究，從創新發展、集聚發展、科技新興產業鏈、科技創新四個方面，探索中國國防科技工業產業集群發展的路徑。

第一節　推動國防科技產業從製造經濟向創新經濟發展

促進國防工業發展，加快推進中國製造業轉型升級，是《中國製造2025》確立的重大戰略任務。製造業與互聯網融合發展是全球產業演進的時代趨勢，「中國製造+國防科技工業+互聯網」將為中國軍工製造業轉型升級提供難得機遇，也是推動中國從製造經濟向創新經濟發展的重要突破口。

一、系統加強產業創新體系建設

產業創新是產業發展的重要驅動力。產業創新體系包含以下三個層次：從宏觀維度看，需要完善創新體制機制，加強技術創新政策體系構建，增強創新創業服務體系供給，推動創新創業生態系統的形成；從中觀維度看，要增強「政府引導+市場配置」的耦合互

動，創新風險投資模式，降低創新創業風險，注重技術孵化器平臺建設；從微觀維度看，要加強跨界融合，強化政、產、學、研、用協同，創新技術轉移機制，加強人才培養。

二、重點推動智能製造裝備的產業創新

裝備是國家先進製造業的集中體現，也為製造業其他領域提供了大量的創新策源地。智能裝備則是新一輪製造變革的重要支撐，是製造強國戰略的突破口。

1. 構建智能裝備科技創新體系

統籌軍民兩方資源，協調高校、科研院所、民口單位和海歸學者等創新主體，以提升智能製造裝備產業創新能力為發展目標，建立一批技術開發平臺、協同中心、孵化基地、創新聯盟等組織。通過「人才、技術與項目」「成果、技術與軍需」「科技與產業」的有效對接，著力構建高效率運轉的國防科技創新大網絡與科技服務支持體系，實現軍民科技創新資源的有效配置，突破關鍵裝備和關鍵技術的集成創新，以為承載和推動國防科技創新改革試驗提供有效支撐。

2. 優化智能裝備產業組織結構

積極推進國防科技工業體制改革，利用新一輪軍工集團混改、軍工科研院所改制窗口期，積極推進智能裝備的兼併重組，力爭在智能裝備行業培育一批具備國際競爭力的國防科技龍頭企業，帶動配套產業發展。積極打造產業生態系統，優化行業發展佈局，做大做強產業規模，優化營商環境，形成生產配套、區域協同、產業集聚的發展格局。

3. 創新智能裝備產業政策

地方政府要以人力資源生命週期需求和製造業發展全生命週期需要為目標，圍繞智能製造軍民兩用技術領域，加大科教資源的財政投入力度，創新信息、人力資源、資本要素的協同供給，實現基礎設施共享、設備共用、人才互流，實現創新鏈、產業鏈、資金鏈和政策鏈整合發展。要進一步激發民口單位積極性，暢通民口單位進入軍工領域的渠道，圍繞智能裝備產業關鍵共性技術發展指南，制定有利於民口單位參與軍工科技創新的財政、稅收、金融、科技、人才等方面的產業扶持政策，加強知識產權保護力度，定期舉辦軍民兩用技術成果展，加強成果轉化。

三、以核心技術開發引領國防科技發展

核心技術是國之利器，包括基礎技術、通用技術，非對稱技術、「殺手鐧」技術，前沿技術、顛覆性技術三個層次。增強核心基礎零部件（元器件）、先進基礎工藝、關鍵基礎材料和產業技術基礎等「四基」領域的協同融合發展是《中國製造2025》中工業強基工程確立的鮮明任務。以「一份投入、多份產出」為特點的軍民兩用技術是建設製造業產業公地的核心，也是推進軍民科技融合發展的關鍵，國家層面加強統籌協調，地方政府要主動作為。

1. 強化戰略認識

當前中國正處於從要素驅動向創新驅動轉換、從傳統產業主導向新興產業引領轉型的關鍵時期，發展核心技術研究有利於國家資源優化配置，有利於創新驅動及深化開放合作，有利於國防建設與經濟建設融合發展，是提升區域自主創新能力的迫切需求，對於加

快實現新舊動能轉換、發展方式轉變和結構調整優化等具有重大意義，更是擺脫發達國家攔截與發展中國家追趕雙重壓力的重要路徑，也是落實《中國製造2025》的重大舉措。當前國內有大量軍工科技資源難以為地方所用，國防科技工業對區域經濟發展和自主創新能力的「溢出效應」還未充分發揮，國防科技工業轉化為區域經濟發展優勢的潛力還很大。通過發展軍民兩用技術，加強與軍工集團、軍工科研院所的對接合作，可極大引領地方關聯產業融合創新，有利於重塑地方經濟發展新優勢、培育新經濟增長點。從長遠看，許多夢幻級技術和創新開始都是小眾產品，需要產品訂單，更需要長訂單的培育與轉化，才能成為國之利器、重器，甚至在民品領域大放異彩。

2. 完善頂層設計

一是要健全組織體系建設。建立進行核心技術開發的實體組織機構，負責基礎和關鍵性技術開發的統籌指導、政策協調；建立核心技術專家委員會，負責軍民兩用技術項目的遴選及論證，組織開展技術攻關；成立標準化技術領導小組，加快推進全國通用標準化體系建設。二是要完善政策法規體系。按照《中共中央 國務院 中央軍委關於經濟建設和國防建設融合發展的意見》《中國製造2025》政策綱領，統籌制定國家軍民核心技術及產業發展規劃，確定國防核心技術研究重點及產業發展方向，定期發布國防科技核心技術指南。建立綜合性政策體系，要善於發現和捕捉產業演化過程中主導技術的突破點和間斷點，靈活選擇部門政策和通用政策，強化對各類經濟主體在國防技術溢出效應方面的考核與評估，針對國防科技資源匱乏地區出抬相應的扶持政策。

3. 創新科研機制

改變現行科研管理體制，建立有效的項目研發並軌機制。制訂軍民核心技術國家專項計劃，大力支持支撐軍事需要但軍方尚未安排的兩用技術，處於「先期技術開發與驗證、樣機或產品研製」階段的兩用產品技術，參與國內或國際競爭的兩用技術及產品研發，加大對「四基」領域的基礎共性技術的投入力度，創新推動軍民核心技術產業發展。

四、加大國防科技產業公地建設

創新是一個新想法或概念應用於市場的過程，不同的創新模式需要不同的產業公地。產業公地好比自然界的生態系統，在平衡的生態系統中，每一「物種」成員（如上下游配套企業、供應商、消費者、工人、研發人員、高校科研院所等）均能維持自身優勢並從中獲利，任一類成員的數量減少將衝擊系統其他成員的生存能力。

1. 創新驅動與產業公地建設、國防科技產業發展

根據技術成熟度及商品化程度，我們可以將創新分為「雙高型」「雙低型」「一低一高型」及「一高一低型」四種類型。由於每類所驅動的國防科技產業有所不同，創新模式有所差異，因此在產業公地建設上要區分對待。

一是「雙高型」創新模式。該產業已經比較成熟，是典型的國防科技龍頭企業主導，要發揮其在核心技術上的攻關及引領作用。在產業公地建設上需要通過招商引資及基礎設施、投資環境優化，提高產業配套能力，帶動國防科技產業集聚發展。

二是「雙低型」創新模式（技術不成熟、商品化程度低）。該

類模式在依靠國家創新體系系統開發、長期耕耘的同時，主要適合通過開展雙創活動（「大眾創業、萬眾創新」）進行培育。該類模式在產業公地建設上要加強研發設計與製造的協同性的引導，鼓勵圍繞當地區域產業基礎開展研發設計。

具備適度條件後，「雙低型」創新模式會朝三個方向轉化：

第一，成為「雙高型」創新模式。部分創新試驗單元可培育孵化成擁有技術主導權、跨界融合的、爆發式成長的新成果，為戰略性新興產業向國防科技瞪羚企業發展提供新動能。

第二，進入「一低一高型」創新模式（技術不成熟、商品化程度高）。該類創新模式注重利用當地特色產業鏈進行應用技術創新，通過「中國製造+國防科技+互聯網」協同作用，部分創新成果與區域產業基礎結合，在智能紅利驅動下，區域創新系統得以重塑，「銹帶」得以轉化為「智帶」，智帶型國防科技產業集群逐漸成形。在「一低一高型」創新模式的產業公地建設上要加強創新要素（如人才、科技、金融等）的協同供給，要鼓勵各省市與企業集團建設區域性產業公地。

第三，進入「一高一低型」創新模式（技術成熟度高、商品化程度低）。該類創新模式為當地傳統產業升級提供新動能，有利於軍工製造業的轉型發展，培育出一批國防科技創新成長型企業。在「一高一低型」創新模式的產業公地建設上要加強孵化器的培育打造，軍、政、產、學、研、金、介、用要攥指成拳。

2. 圍繞產業公地打造要素共享平臺

一是打造國防科技創新平臺。整合區域內優勢科研院所、高校、企業、產業或工業技術研究院，對具有產業化前景的科技成果，按

市場機制搭建技術再研發體系和研發成果轉化平臺，鼓勵各類投資主體參與技術再研發和轉化。堅持市場機制和成本共擔收益共享原則，採用國家政策、資金支持、入股等方式，促進重大國防科技專項衍生技術成果再研發。積極搭建國防科技核心技術整合平臺，探索建立國防科技創新快速回應小組，強化戰略與顛覆創新技術研究。對接國防科技成果轉化需求和創新創業服務資源，利用平臺有針對性地導入創新要素，開展股權投資，孵化一批國防科技企業。與各級園區、大型企業集團一道利用已有存量物理空間共建眾創空間、孵化器、加速器，協助各級政府建設國防科技創新基地及產業集群，在應用創新、行業創新、承接產業轉移、產業化方面提供定制服務。

二是打造國防科技金融平臺。重點發展國防科技金融平臺，以促進科技開發、成果轉化和高新技術產業發展，包括提供科技擔保、科技貸款等金融服務和基金、上市等投融資服務。設立國防科技發展基金，聯合國內相關金融機構共同投入，分別投資不同階段、不同行業的產業化平臺項目和企業。針對國防科技企業的特點，建立信用評價與風險評估指標體系，創新金融產品，提高融資效率，推進國防科技企業應收帳款融資，實施投貸聯動，切實幫助企業解決資金瓶頸問題。撬動社會投資資金，引導天使基金、VC 投資、PE 投資、產業資金等介入；創新採用私人主動參與的 PFI 項目融資建設營運模式。創新擔保與風險補助機制，依託相關單位探索建立科技金融服務的擔保與風險補助機制，為金融機構支持國防科技協同創新提供保障、分擔風險、解決後顧之憂。

三是建設國防科技智慧中心。凝聚各方智慧，提供交流平臺，從理論和實踐上深入開展一系列課題研究，發揮好專家智庫體系作

用，建設公益性、開放性、共享性的高級別智庫合作平臺，使之成為國防科技協同創新的重要陣地和服務國防科技工業戰略決策的輔助機構。以培養國防科技核心技術人才為突破口，聚焦於人才發展平臺管理體制和「引」「用」「育」「流」的人力資源體制機制創新，加強科學、技術、工程和數學領域（STEM）人才的培養和引進，實現國防科技高端創新創業人才的合理高效配置，探索實施自由科學家制度，聚天下英才而用之。探索實施科技經紀人機制，創新培育一批具備超前創新思維和開拓精神、學識淵博、項目管理經驗豐富、熟悉國防需求的項目經理。遵循相關法律、制度、政策，為國防脫密專業技術人員（包括退役、在役）服務地方、為地方可服務國防的專業技術人員及開發研究人員走向軍方提供規範的平臺仲介服務。

四是建設國防科技大數據中心。運用大數據、雲計算、人工智能等新一代信息技術，線上線下相結合，面向全國國防科技工業搜集相關科技成果，實現國防技術、產品、項目等供需信息的無縫對接。①信息收集。依託新一代信息技術，與各地區各企業創新主體、政府部門等建立廣泛聯繫，系統梳理本地區經濟發展的技術瓶頸、關鍵共性技術等科技需求信息，建立技術需求信息庫。②國防科技成果識別。與全國範圍內的相關國防科技企業建立廣泛聯繫，重點識別具有重要商業價值的技術發明或新專利、各類顛覆性技術、成熟技術（產品、問題解決方案）、技術開發項目與少量驗證項目等，建成資源能力數據庫。③國防科技成果信息發布。採用線上為主、線下為輔的方式。線上發布將應用大數據技術，實現需求信息精準發布和推送。線下通過組織博覽會、開放日、需求對接會、項目指南發布等方式，促進重點科技型企業開展深度合作。④國防科技供

需匹配。採用線上線下結合的方式，運用大數據和人工智能技術，實現國防科技供需的智能匹配和精準服務。

第二節　推進國防科技產業集聚發展

龍頭企業在產業集群發展上的帶動作用明顯，發揮著協作引領、技術溢出、協同創新、基礎設施建設等核心功能。推進國防科技產業集群轉型升級發展，必須創新龍頭企業的培育機制。

一、創新龍頭企業培育機制

1. 創新項目招商方式

圍繞區域國防科技主導產業和戰略新興產業，細化產業鏈招商路徑圖，創新產業鏈招商、基金公司招商、重資產招商、委託招商等招商方式。瞄準符合區域產業發展政策、創新能力強、帶動作用明顯、有配套基礎且能參與國際競爭的產業鏈龍頭項目，實現精準招商；優先支持核、電子信息、航空、航天、兵工、船舶等國防科技產業示範基地（園區）項目。

2. 支持龍頭企業做大做強

引導區域內國防科技工業產業的延伸改造，鼓勵各性質、各類型龍頭企業和企業集團互相參股、互為市場、項目合作，以轉型升級、技術改造、提能增效、兩化融合等為重點，啓動實施培育國防科技企業大集團的「巨人計劃」。以重資產建設方式支持技改擴規，調動各大國防科技工業大集團與地方大企業參與國防科技工業產業

集群發展的積極性，促進國防科技工業集團及內部各企業、軍工企業、地方企業的資源整合，消化引進國內外高技術優勢資源，推進產業集群發展。

3. 加強中小企業產業鏈配套能力建設

制定出抬國防科技主導產業和戰略新興產業細分領域隱形冠軍培育的政策和措施，給予產業鏈重點龍頭企業配套的中小企業貼息補貼或資金獎勵。整合專業相同、產品相近、產業鏈關係緊密的中小企業，引導建立相互依存的專業化分工協作網絡體系。催生一批「專精特新」的配套企業，培育出上下游產業覆蓋細密、擁有較強輻射帶動能力的產業鏈。

二、重視需求側政策應用

國防科技的產品開發有很大的不確定性，技術創新強，週期長，成本高，風險大。國家要鼓勵有條件的地方政府採用需求側政策刺激與龍頭企業的深度合作，這已是發達經濟體常用的方法。需求側政策包括：

1. 加強政府購買力度

經濟合作與發展組織（OECD）於 2011 年發布了著名的《需求側創新政策》，涉及的政策工具包括創新型公共採購（PPI）、以績效為基礎的規則和標準、以技術為基礎的規則和標準。歐美推出的《市場領先計劃》則採用了政府採購、標準化、立法、補貼、金融及培訓等多種政策性工具。在美國國家創新體系的形成和發展中，公共採購（公共技術採購或前商業化採購）特別是以軍方採購為代表的任務導向機構發揮著重要作用。德國的實踐顯示，對區域內服務

業或技術服務業中有經濟壓力的中小企業公共採購政策的使用非常奏效。總體上看，對於國防科學技術創新而言，通過政府定向採購可以較好拉動市場需求，引領重大技術發展，分擔市場風險，能獲得國防科技工業集團與大企業的青睞。可適時探索創新導向的政府採購、政府首購和商業化前政府採購來啓動市場，進一步完善軍品採購制度，有序引導大型企業和社會資本進入國防科技工業領域。

2. 加大政府補貼力度

通過多種形式的稅收優惠（如所得稅、房地產稅等），引導企業擴大技術開發和再創新規模，提升技術創新能力。建立價格補貼機制，對於符合產業政策要求的企業及採購國防科技產品的單位或個人給予價格補貼。創新要素支持，對於符合國防科技產業政策的，加大技術、資金、土地、設備等生產要素的政策扶持力度，技術研發所需的重大科研基礎設施和大型科研儀器由政府統籌建設並向社會開放。

3. 促進產品應用示範

建立國防科技工業應用示範基地、國防文化公園，定期巡迴舉辦國防科技高技術成果展或博覽會，將潛在需求轉化為現實供給，以消費升級帶動產業升級。

第三節　拓展國防科技新興產業鏈發展空間

一、正確識別創新主體

創新主體是區域創新活動的主要踐行者和促進國防科技創新系

統正常運行的行為主體。根據各主體的行為特點，創新主體可分為以下四類：

1. 企業是技術創新的主體

區域創新體系的構建應體現市場導向原則，企業應為科技創新體系的核心，是創新活動的主要行為主體。主要包括具有自主創新能力並具備創新意願的國防軍工企業和民用企業，在這個體系中二者地位是平等的，具備平行競爭的資格。

2. 高校和科研院所是知識創新的主體

科研院所既包括國防科研機構、軍隊科研機構，也包括民用科研院所，在國防科技核心技術、顛覆性技術的研發中具有重要的地位。而高校是從事基礎研究的核心力量，在人力資源、學科基礎、國際交流方面具有比較優勢。這裡所說的高校包括國防科工院校、軍隊院校、民口高校。

3. 政府及軍隊有關部門是制度創新的主體

作為區域創新體系的行政決策者，政府及軍隊有關部門在制度安排、政策設計、創新資源配置、產業規劃等領域發揮著重要作用。

4. 仲介組織是服務創新的主體

作為區域創新主體與市場的聯繫紐帶，仲介組織為國防科技產業發展中的技術轉移、人才服務、信息對接、技術評估、保險融資、政策諮詢、產業規劃等提供專業化的代理、仲介服務。

二、建立協同創新體系

1. 注重協同創新

國際上解決國防科技工業發展難題的一般做法是以政府支持的

對產業發展有重大影響的大項目為載體，採取跨國跨界的「政產學研金」聯合創新模式。比如，英國採取聯繫計劃（LINK），芬蘭採取國家計劃，以色列採取「磁石計劃」，提供相對寬裕的資金支持，同時施加影響力，引導組建市場化運維的跨國跨界合作的「政產學研金」實體。這個實體包含地方製造研究院（類似於德國的弗拉霍夫協會）。由於中國國防科技工業的特殊性，當前各創新主體所佔有的創新資源及所擁有的決策權具有諸多差異，現實的創新主體與理想的創新主體錯位明顯，導致區域創新體系的「系統失效」，真正有能力或有效率的創新主體卻沒有承擔起特定的創新行為。因此在區域創新系統上必須嘗試建立攏指成拳的「軍政產學研金介用」的協同創新實體，如地方製造研究院（類似於德國的弗拉霍夫協會）或孵化器（創業空間）類雙創實體或特色小鎮等，成為國防科技產業集群發展的策源地。

2. 注重「全要素」供給

在國防科技產業集群發展上，各創新主體必須樹立「全要素」意識，增強服務供給。日本推出「產業集群計劃」和「知識集群計劃」，兩個計劃的核心目的均是改善創新主體的創新網絡生態，幫助創新主體與集群內外的相關主體建立盡可能廣泛的聯繫。中國在國防科技產業集群的發展上要按照「全要素」要求加強服務供給，發揮利益實體的「聯絡者」角色，策劃並長期持續專注於特定的產業、技術甚至產品，從事縱向的三層次工作：第一層次包括信息、知識、技術、項目等要素，核心是項目策劃；第二層次包括產品、資本、人才等要素，核心是通過資本孵化實現項目成果轉移轉化；第三層次包括企業、基地、產業，核心是基地，實現成果商業化。

109

三、因地制宜探索「智帶型」模式

1. 發揮區域創新系統核心作用

中國先後設立了軍民結合工業園區，但仍以「塊狀經濟為主」，有少數按產業鏈組織的園區，也偏重製造環節。製造與創新分割的格局，使我們的工業園區處於價值鏈低端。隨著中國的快速發展，低成本製造的優勢正在喪失，而且單一產業集群的製造環節極易導致產能過剩，遲早也有產品週期的風險。這已為歐美國家「銹帶」的大量湧現所證實。這是中國經濟的產業結構調整，也是從製造經濟轉向創新經濟的關鍵。正因為此，全球製造業集群向智能製造的智帶集群轉型，就不是什麼「經濟奇跡」，而是新興產業成長的大趨勢。美國的工業互聯網、德國的工業4.0、中國的《中國製造2025》都是要實現這個轉型。印度提出要建立產業集群「卓越中心」，目標是成為全球供應鏈的領頭羊，其措施和前述歐美國家的「智帶」模式如出一轍。我們必須承認與瞭解，中國製造的傳統工業園區正在面臨或將要面臨「銹帶」威脅，必須借鑑歐美從銹帶到智帶的經驗，推動一批條件相對成熟的國防科技產業製造集群向智帶轉型。區域創新生態系統是從銹帶到智帶轉型的關鍵，各地區在建設上要注意研發製造一體化，充分發揮政府的主導作用及體制優勢，堅持以產業融合、部門融合推動新經濟發展，以「政產學研金介用」融合重塑區域創新系統優勢，建設一批智帶型國防科技產業集群。

2. 因地制宜加強區域創新體系建設

一是積極對接國家區域戰略，其中北京懷柔、上海張江、安徽合肥是國家佈局建設的具有全球影響力的科學中心；粵港澳大灣區

是國家打造的國際科技創新中心，其戰略科技力量帶動明顯；四川、江蘇、陝西、浙江、湖北、廣東、福建、安徽等地區是國家創新型試點省份，已初步形成產業集聚帶；京津冀、上海、廣東、安徽、四川、武漢、西安、瀋陽等地區是國家全面創新改革試驗區，創新驅動體系正逐步完善。二是積極促進國防科技成果轉化，特別是在國防科技資源富集地區（如四川、陝西、遼寧、湖北、上海等地）要創新機制，重點解決國防科技成果「不願轉」「不敢轉」「不能轉」難題，利用國防高科技成果去培育和發展市場規模大、價值高的新興產業。三是加快創新驅動發展，目前發達地區、欠發達地區的邊界日益模糊，新科技和產業變革可能使一切「清零」，但總體而言，欠發達地區要有「趕」「轉」意識，創新需求更大、任務更重。四是加強協同開放，要著力打破創新體系發展的壁壘限制和資源要素的流通障礙，推動科技創新要素集聚與跨界融合。五是要培育發展新型研發機構，積極推進區域內高校、科研院所、企業等各創新主體的協同發展。

3. 鼓勵地方工業園區轉型升級

加強國防科技產業協同發展，加強國防軍工技術成果向地方園區的轉化轉移力度，改造傳統工業，引導向智能轉型，培育和發展市場規模大、價值高的新興產業，以「軍政產學研用」融合重塑新優勢、培育新經濟增長點。積極對接國防科技成果轉化需求和創新創業服務資源，利用平臺有針對性地導入創新要素，開展股權投資，孵化一批國防科技企業。與各級園區、大型企業集團合作，利用已有存量物理空間共建眾創空間、孵化器、加速器，推進工業園區的應用創新、行業創新。

第四節　激發國防科技產業創新創業活力

開展創新創業是推動「互聯網+雙創+國防科技」深度融合的焊接點，也是催生國防科技新技術、新產業、新業態、新模式的內在需要。在互聯網的推動下，國防科技產業必將成為「雙創」新高地，孵化出一批擁有技術主導權、跨界融合的、爆發式成長的新成果。但要產出大量瞪羚和獨角獸國防科技企業，則需在以下方面有所突破：

一、打造國防工業「雙創」平臺的生態體系

國防工業「雙創」平臺是圍繞國防科技產業發展瓶頸，以新一代信息技術為支撐，以多方參與、合作共贏為原則，推動國防科技產業全生命週期全方位創新的開放式協同。

（1）從主體看，國防工業「雙創」平臺主要有三大類型。一是大型企業主導型。以大型企業為主導，推動產、學、研「雙創」資源的深度整合和開放共享，支撐製造企業聯合科研院所、高校以及各類創新平臺，加快構建支撐協同研發和技術擴散的「雙創」體系。比較典型的模式有依託協同創新型（如航天雲網）、管理變革型、產業鏈整合型（如三一重工）。二是互聯網企業支撐型。依託互聯網企業、基礎電信企業建設面向國防科技企業特別是中小企業的「雙創」服務平臺。比較典型的模式有要素配置服務型、共性技術共享型。三是政企結合推動型。通過政企結合組建實體，圍繞初創企業和小微企業在創新創業鏈條上的發展需求，提供創新創業孵化服務。比

較典型的模式有公益型孵化器〔如中國（綿陽）科技城創客空間〕、功能型孵化器（如中船松山湖雙創中心）。

（2）從內容看，根據資源配置能力和功能演進方向，國防工業「雙創」平臺包括企業級、產業鏈級、生態級三個平臺體系。一是企業級「雙創」平臺體系。這是最小單元體系，包括重點環節（如研究設計）、跨環節（如研發設計與製造）、全生命週期的雙創，持續推動系統高效集成和業務優化。二是產業鏈級「雙創」平臺體系。實現企業之間價值鏈的整合，實現產品研發設計、製造、管理等在不同企業間的信息共享和業務協同。三是生態級「雙創」平臺體系。通過互聯網整合技術服務、創業孵化、人才培訓、專業諮詢、投融資等服務資源，形成線上與線下結合、製造與服務結合、市場與專業化結合的「雙創」新生態。

（3）從結果看，平臺建設要著重解決創新與產業融合發展的問題。各地在打造國防工業「雙創」平臺體系時，要注重差異發展思路，立足本地資源稟賦、優勢產業和市場需求，避免蜂擁而上與盲目投資；要著力推動產品、產業鏈和生態建設，探索技術開發、擴散和首次商業化應用的機制，以更大程度滿足企業自身全面創新發展及各層次產業鏈創新、產業化發展的需求。

二、深化「雙創」服務體系的供給側改革

供給側改革的重點是培育國防科技創新的特色「硅谷」。供給側改革主要通過釋放人才、資金、技術等創新要素，激勵提升勞動生產率，加速新興產業發展。在國防科技產業領域要特別重視面向全球國防科技企業專業技術人員招募人才，引導其在其熟悉領域創辦

科技型小微企業。國家對「大眾創業，萬眾創新」的扶持重點，應向這類「帶項目、帶技術、帶資金」的「三帶」人才傾斜。支持的重點應有以下四點：

（一）強化產業政策引導

一是多渠道保障創業和中小企業發展的資金。設立發展資金是產業扶持政策的核心，從產業引導基金中拿出一部分用於國防技術民用化，引導建立一批重點行業基金。二是執行產業稅收優惠政策，探索貼息貸款和信用擔保優惠政策，對中小企業的概念創新、市場驗證和前期調試予以傾斜性資金支持。三是加強對區域產業發展的重大共性問題和戰略問題的研究投入，創新基礎領域和關鍵領域技術的金融扶持模式，引導社會資本進入戰略新興領域。

（二）支持產業技術開放創新

加強對外交流與合作，引入國際創新資源，探索重大難題眾包模式；鼓勵開展交叉領域研究，尋求技術新增長點。

（三）培養產業發展關鍵技能人才

圍繞區域產業發展需要，發揮國民教育優勢，建立軍地協同機制，大力培養國防科技創新人才。

（四）完善產業發展基礎設施

加大對產業創新的基礎設施的投入力度，扶持科技型中小企業發展。

第五節　建立健全國防科技產業集群發展的政策法規體系

一、國防科技產業集群發展急需政策法律的支撐

習近平總書記指出，國防科技工業是國家安全和國防建設的脊梁。國防科技產業集群發展在新時代有著新使命，迫切需要明確的政策指引、強有力的制度支撐和法律保障。只有在更為健全的政策法律環境中，才能形成良好的產業集群發展模式和運作方式。這既是形成中國特色的國防科技產業的需要，也是貫徹依法治國方略的需要，更是貫徹總體國家安全觀的需要。

當前，健全國防科技產業集群發展的政策制度體系，迫切需要從以下幾個方面著力：

第一，加強法律法規建設。首先，出抬推進國防科技產業發展的基本法律。從國家層面推進國防科技產業發展，對國防科技產業集群發展的指導思想、方針、基本原則、基本制度、領導體制、主要制度、法律責任等方面做出框架性的頂層設計，立法時應當重點考慮發揮市場主體參與國防建設、軍事單位參與經濟建設的積極性，激發兩者的活力，以此促進國防科技產業集群的發展。其次，出抬配套的法律、法規。修改、制定促進軍民之間知識產權轉化、科技成果轉化、交流機制等方面的法律、法規。主要修改《中華人民共和國促進科技成果轉化法》《中華人民共和國科學技術進步法》《中華人民共和國標準化法》等已有的法律，加大對相關知識產權轉化、

成果轉化、創新等行為進行鼓勵、獎勵，激發轉化的積極性，同時出抬關於國防知識產權轉化的具體辦法和軍民之間交流機制建立的辦法等。最後，出抬關於專門的軍民之間合作的實施辦法或法律，為國防科技產業融合式發展提供法律依據，並且要在《中華人民共和國原子能法》等專門法律中突出體現對相關特定產業發展所起的支撐和保障作用。

　　第二，加強政策的驅動力。發展國防科技產業集群必須依靠大量的法律法規的支持、指導及保障，但是由於法律、法規的制定和出抬需要成熟的條件，週期較長。因此，可以以政策為先導，進行體制機制的探索，驅使工作的推進，並使得政策更加成熟和穩定，為法律法規的制定創造條件。當前，必須加快政策制定，要切實解決當前實踐中已經遇到的突出問題，要在財政稅收、市場准入、採購、裝備管理、知識產權、投資、資源共享、科技轉化、人才建設、基礎設施建設、保密、安全、管理等方面切實推進國防科技產業集群的發展。

　　第三，做好政策法律的銜接。首先，注意政策與法律之間的銜接。國防科技產業集群的發展離不開政策、法律法規的共同作用，政策可以彌補法律法規及時性、靈活性不足的短板，保證更及時、更有針對性地對產業集群發展的相關工作進行指導；而法律法規又可以克服政策權威性弱、穩定性弱的不足，為產業集群提供穩定可靠的制度環境。其次，注意政策與政策之間的銜接。一方面，各部門制定的政策之間應橫向銜接與協調，特別是軍與民兩個系統的政策要協調，盡量由多方共同制定涉軍和涉民的政策，以避免衝突。另一方面，在當前制定國防科技產業發展政策時，一定要注意對原

有政策的清理，注意政策對將來發展的適應性，還要注意政策間的縱向銜接。最後，注意法律與法律的銜接。在制定推進國防科技產業發展的基本法律及配套法律時要考慮現有的法律規定，應該進行系統的清理，不能出現法律規範之間的衝突。

二、重點推進知識產權制度創新

國防科技產業集群發展的一個核心點就是科技創新及其成果的產業化應用，強化知識產權軍民雙向轉化應用和保護，促進國防科技領域新技術、新產品、新業態、新模式服務國防建設和經濟發展已經成為國防科技產業發展的關鍵點。目前，中國科技成果轉化率很低，民用科技實現產業化科技成果的不足5%，專利實施率僅為10%左右，遠低於發達國家80%的轉化水準；而國防專利的狀況也很不樂觀，科研項目中大概只有5%的項目申請專利，在申請專利的技術中只有10%~20%最終轉化到生產中。

當前，必須在保障國防安全和國家利益前提下，通過體制機制創新，積極推動國防科技創新成果轉化，打通國防知識產權在軍事國防工業系統與民用工業系統應用的通道，真正實現國防科技產業融合式發展。目前，在國防科技產業集群發展中迫切需要解決的問題是國防知識產權（專利）向民用轉化中遭遇了嚴重的制度性阻礙，迫切需要進行體制機制創新，其中主要有：

第一，推進國防知識產權管理機制創新。國防知識產權的所有權以及保護、轉化、應用，分屬國防科工委、中央軍委裝備發展部國防知識產權局、各軍種、各大軍工集團，在國防科技產業運用中需要進一步明確所有權人，劃清各自的職責，加強協作，突破管理

制度約束。

　　第二，推進國防知識產權解密和降密機制創新。國防科技成果轉向民用是一個極其複雜的過程，首先必須跨過「解密」這道關鍵關口才有可能。2017 年，國防專利制度實施三十多年來首次進行解密與發布，有 3,000 餘件解密，其量與質都還遠遠不能滿足產業發展的需要，必須探索建立常規化的解密機制，為國防科技產業融合式發展打開通道。

　　第三，推進國防知識產權信息交流渠道創新。由於國防知識產權自身特點，缺乏有效交流平臺和方式，致使國防知識產權的持有者與潛在的民用者的信息嚴重不對稱，交易市場難以形成。通過法律、政策確定軍民通用技術標準規範和民用技術轉軍標準、明確國防技術資料持有權、確定軍民信息之間的交流機制，以此促進轉化。

　　第四，推進國防知識產權轉移轉化利益分享機制創新。在明確國防知識產權的歸屬基礎上，積極探索第三方價值評估模式，探索成果轉移轉化利益分享機制，才能真正保護知識產權人的利益，激發創新主體進行技術轉移的動力。要明確轉化所產生的收益分配辦法，對於智力付出者的獎勵等進行明確規定，以此激勵軍民知識產權轉化，從而推動國防科技產業集群可持續發展。現在各個地方都在積極推動職務發明權屬改革，明確單位與實際發明人的轉移轉化收益比例以刺激成果轉化，國防專利也應該將這個問題提到議事日程上。

第七章　國防科技產業集群化的要素保障

要實現國防科技產業集群發展，必須在保持核心國防建設能力前提下，改變資源配置方式，由以往的國家主導、計劃運作向國家主導、市場運作轉變，推動資源流動由單向流動向雙向、多向流動轉變，由側重人力、技術等要素流動向人才、技術、資本、信息等全要素流動轉變，提升要素資源共享能力，優化要素資源的流轉配置與協同利用，提高要素資源生產率，充分發揮協同效應，從而提升產業集群整體競爭力。

第一節　創新技術要素供給

創新技術要素供給，其核心是增強科技創新活力，支持國防科技工業和國民經濟發展。國防科技產業發展的技術要素供給涉及國防技術成果產出、成果交易與轉化、技術產業化、成熟技術的轉移與擴散等眾多環節，是一個多主體共同參與、跨時間、跨空間的協同合作過程。要實現國防科技產業技術要素供給優化配置，必須優化技術創新生態環境，實現協同創新。

一、夯實國防科技創新基礎

國防科技創新基礎是實現國防科技協同創新的前提條件。國防科技創新的基礎涉及科技資源、組織領導體制機制、技術標準、人才培養、成果交流轉化等多方面，是實施國防科技協同創新的必由之路。

一是加強基礎研究和應用基礎研究。基礎研究和應用基礎研究是國防科技創新的基石。為此，應加強基礎前沿科學的探索，為國防科技創新提供堅實支撐；加強應用基礎研究，圍繞國家安全的重大需求，力爭在國防關鍵共性技術、前沿引領技術等方面有所突破；加強對國防科技領域基礎研究的頂層設計和統籌協調，建立基礎研究多元化投入機制，在加大中央財政對基礎研究的支持力度的基礎上，鼓勵企業和社會加大基礎研究投入。

二是促進科技資源的開放共享。要統籌國防科技共用重大科研基地和基礎設施建設，在各類研究實驗基地、大型科學儀器設備、科技成果和科技文獻、科學數據、專利等方面，打破區域、行業和部門界限，實現國防科技資源開放共享。要發布開放目錄清單，制定開放共享管理辦法，建立技術服務機制，搭建國防科技資源開放共享服務平臺和網絡管理平臺，建立鼓勵國防科技資源開放共享的激勵機制。

三是推進國防技術標準化工作。標準是國防科技創新發展的重要載體，是軍工核心能力的重要支撐，是推進治理體系和治理能力現代化的重要手段。為此，應制定和整合國防技術通用標準，推進技術標準的雙向轉化，促進國防技術標準體系統一，促使基礎技術

一體化、基礎原材料和零部件通用化。要加大國防技術標準實施力度，提升標準化工作水準，為國防科技產業集群發展提供堅實的技術支撐。

四是加強知識產權保護和激勵。國防科技成果產權化能保障創新主體的利益，鼓勵更多的企業和個體加入國防科技創新活動，促進國防科技成果的商業應用及產業化。為此，需要建立國防知識產權聯合維權工作機制，成立專門的機構進行侵權調查、取證或者訴訟，保護知識產權所有人的合法權益；要謀劃建立國防知識產權交易中心，完善國防知識產權估值、質押、流轉體系。

二、構建國防科技協同創新體系

構建國防科技協同創新體系，實質上是要求國防科技創新與民用科技創新協同，把原本屬於兩個軌道上獨自運行的創新主體、創新體系、創新資源納入統一的體系之中，有效破解阻礙國防科技協同創新的體制性障礙、結構性矛盾和深層次問題，最大限度整合國防科技創新資源，不斷提高國防科技創新的質量和效益。

一是加強國防科技協同創新的宏觀統籌。協同創新的關鍵在於協同，而協同的關鍵在於統籌。在國家層面應建立專業化的權威統籌協調機構，具體負責國防科技創新的組織領導工作，發揮宏觀統籌協調職能。對於統籌規劃，要抓好技術推動與需求牽引的協同，既要潛心開展基礎前沿技術研究，又要瞄準裝備需求，形成充足的技術儲備。要採用跨部門協調規劃機制，對國防科技工作統籌進行戰略規劃，共同編製區域規劃、專項規劃，提出國防科技發展政策和措施。

二是明確各類主體功能定位。必須堅持國家主導、需求牽引，處理好不同主體在國防科技協同創新體系中的關係。政府需要制定規劃和政策，投資國防設施、基礎科學，提供信息，搭建平臺，履行監督職能，起到催化劑和潤滑劑的作用。軍隊是國防科技產品和服務的需求方，對國防科技創新發展形成引導。而各類企業、事業單位是國防科技協同創新任務的具體承擔者，應積極吸納社會各方力量參與國防科技創新，擴大國防科技創新主體範圍。要建立國防科技協同創新會商機制，促進各主體之間緊密聯繫，以更好地實現國防科技協同創新。

三是構築國防科技協同創新平臺。必須推動建設國防科技創新基地建設、國防科技工業創新中心建設，優化國防科技重點實驗室佈局，構築國防科技協同創新平臺。要發揮國防科研機構的重要紐帶作用，通過國防科技規劃項目與平臺聯結，將國防科技創新參與各方和利益相關者聯繫在一起，組建高水準國防科技創新團隊，利用平臺聚集資源、信息、設備、資料優勢，在國防科技創新項目上開展合作，有效促進國防科技創新發展。

四是組建聯盟開展「產學研用」合作。應鼓勵企業、科研院所、高等學校等發揮各自優勢，圍繞國家安全和國防科技需求，聚焦關鍵技術，組建國防技術創新聯盟，形成創新合力，開展「產學研用」合作。聯盟各方通過簽訂戰略合作協議、聯合申報重大項目、共同開展關鍵技術攻關、聯合培養人才等方式，廣泛開展協同創新。國防科技創新的「產學研用」合作必須以企業為主體、以需求為導向，如此不但能減少技術創新的盲目性，而且能縮短研究開發到進入市場的週期，有效降低技術創新的風險和成本。

三、促進國防科技成果有效轉化

科技成果轉化是科技和經濟結合的核心內容，是創新驅動發展的重要環節，是提升國家創新體系效能的關鍵。促進國防科技成果有效轉化，將國防科技創新性的技術成果從研發單位轉移到生產部門，推動技術傳遞，圍繞高端核心技術推動配套技術升級，使新產品增加，工藝改進，效益提高，有利於推動國防科技產業集群發展，有利於促進國防經濟建設，增強國防安全。

一是完善國防科技工業科技成果管理制度。應統籌建設國防科技工業科技成果轉化平臺，定期發布《國防科技工業知識產權轉化目錄》，推動知識產權轉化運用。要推動降密解密工作，進一步完善國防科技工業知識產權歸屬和收益分配等政策，推動國防科技工業和民用領域科技成果雙向轉移轉化。

二是擴大科研事業單位科技成果轉化自主權。應推動職務科技成果權屬混合所有制改革，明晰科技成果在單位與科技人員間的產權比例，建立科技成果所有權、使用權、處置權和收益權管理制度。科研院所、高等學校等事業單位對其持有的，不涉及國家秘密、國家安全、重大社會公共利益的科技成果，可以自主決定轉讓、許可或者作價投資，以促進科研院所、高校科技成果轉化率提升，增加國防技術供給。

三是發揮企業科技創新主體作用。企業是國防技術創新主體最重要的組成部分。要鼓勵國防科技企業依靠自主研發、合作開發和技術轉讓等方式，積極探索新技術，突破技術難關，研發具有自主知識產權的技術，並快速將其商品化，以在競爭日益激烈的市場中

取得領先優勢。要加大對企業重大技術裝備首臺套、新材料首批次、軟件首版次研製和應用的支持力度，推行科技應用示範項目與政府首購相結合的模式，推行創新產品與服務遠期約定政府購買制度。

四是加大國防技術推廣支持力度。要突出高技術方向，著力發展有利於推動國防科技產業結構優化升級、培育國民經濟新增長點的高端產業。要規範成果轉化的各個環節和內容，保障成果轉化的效率。項目審批方式應逐步由事前審批向事後審批轉變，建立成果轉化基金，經費支持方式可由注入資本金等向投資補助、貸款貼息等轉變。優先推進國防科技成果依靠協同創新平臺進行轉化運用，優先由參與創新的企業進行轉化運用，在同類技術產品競標中優先採購。

五是加強國防技術轉移專業化服務機構建設。應構建專業化的國防技術成果交流平臺，通過搭建技術與需求對接平臺、舉辦科技成果展覽展示活動等形式，促進科技成果轉化。要重視與優質科技服務資源市場的對接，建立項目合作指導目錄；鼓勵高校、科研院所設置技術轉移專門機構、專職人員；建立成果轉化評價機構，完善評價標準，優化評價方法，健全科技成果轉化評價機制。

第二節　創新資本要素供給

創新資本要素供給的路徑選擇主要在於降低資金成本，拓寬資金投入渠道，以及提高聚集吸引社會資金的能力。要構建國防科技產業集群發展的金融支持體系，在多方面拓展國防科技產業集群發

展的直接融資渠道的同時，提高資本配置效率，提升金融服務國防科技產業集群發展的能力。

一、改善金融環境

發揮政策性商業銀行和科技銀行的作用，增加科技貸款的可獲得性，支持國防科技創新。加強商業銀行支持國防科技產業發展的政策引導，增強商業銀行服務國防科技創新的意識，要從政策、意識和理念各方面重視對科技型中小企業的服務。加大信貸資金對國防科技產業集群發展的傾斜力度，運用多種金融工具，創新金融產品，推進國防金融服務，增加信貸投入規模。

加強金融生態建設，完善銀行提供貸款的外部環境，建立國防科技企業信用評價系統，設立科技創新風險補償資金。完善貸款擔保機制，面向國防科技企業開展銀行資產證券化服務，開展供應鏈融資、應收帳款抵押貸款、知識產權抵押貸款等信貸創新產品業務。

二、加快資本積聚

國防科技產業資本積聚在很大程度上決定了國防科技產業集群發展的成功與否，其核心就是資金融合。國防科技產業集群的發展，在資本層面由國有單一資本向投資主體多元化轉變，成為利益共享、風險共擔的共同體，可以推動多種資本共生共榮和資本積聚。通過市場的方式為國防科技產業集群發展融資，滿足國防科技產品高質量、差異化、多層次的需求，實現社會資源優化配置。

依據國防科技產業集群不同發展階段面臨的風險特徵和投入需求，針對不同的國防科技創新主體，健全多層次資本市場體系。進

一步向社會開放國防科技創新投資領域，鼓勵各類符合條件的投資主體進入國防科技產業領域，形成民間資本的投資鏈。將資本市場作為鼓勵國防科技創新支持體系的重要供給主體，鼓勵國防科技企業利用公開股票市場融資，對產業集群企業上市給予扶持資金。利用債券市場融資，積極引導國防科技企業的改制重組、併購重組，不斷壯大國防科技企業。

三、構建現代金融支持體系

統籌兼顧安全與發展利益、市場與國防需求，充分考慮國防科技產業發展特點，逐步構建起「多元融資、監管有力、安全可控、服務高效」的國防科技產業發展金融支持體系，確保規範化、制度化、法治化運行。

一是優化完善金融資本佈局。根據國防科技產業集群發展要求，以計劃與市場結合、金融與實體結合、融資與融智結合為根本導向，構建與國家重大發展戰略相適應、與區域發展戰略相契合、與戰略方向使命任務相匹配的國防科技產業金融資本佈局，通過建立創業引導基金和產業投資基金，支持與引導國防科技產業集群建設。

二是提升金融精準調控水準。加大金融支持力度，探索供應鏈融資、股權質押、知識產權質押、貿易融資等多元化融資途徑，引導良性金融資本向國防科技產業集群內具有良好發展前景和市場競爭力的創新型企業轉移。針對戰略性、顛覆性、前沿性及新興技術產業，適度提高中長期貸款比重，建立支持產業發展的長期低息貸款機制。完善參與國防科技創新的風險補償和扶持機制。

三是拓展國防科技產業融資渠道。充分尊重民間資本的投資慾

望和熱情,通過建立投資公司、信託公司、產權交易所、產業基金會等方式搭建有效的投資載體,鼓勵社會資本向國防科技產業提供資金。以國防科技產業實體經濟需要為導向,發展股票市場、債券市場、金融衍生品市場,提高直接融資產品數量和資產規模。在確保核心資產安全基礎上,為國防科技企業、中小微企業量身定制融資方式,規範有序引導私募股權投資基金、風險投資基金等健康發展,優化有利於風險投資發展的外部環境。

四是提升國防科技資產安全水準。發揮宏觀調控和市場調控作用,提升金融業防範風險、管控風險的能力,強化監管約束機制,不斷健全「國家監管、機構內控、行業自律、第三方監督」的多維全域監管體制,加快形成規範嚴格、有序高效的金融監管法律法規,將國防科技產業各類金融活動納入法治化、規範化運行的軌道。

第三節　創新人力資源要素供給

從根本上說,產業集聚的實質是要素的集聚,其中最重要的是人力資源要素的集聚。產業集聚的過程必然伴隨著人力資本的集聚,同時,人力資本的集聚必然會推動產業集群進一步發展。國防科技產業集群作為知識密集型和技術密集型產業集群,人才聚集和流動產生的知識溢出效應更加突出,其人力資本的存量和質量水準將極大地影響產業集群的發展和演進過程。進行人力資源要素供給側結構性改革,通過改革提升國防科技產業人才資源配置效率,通過創新體制機制為人力資源配置效率持續穩定提升創造條件,培育國防

科技產業集群發展新動能。

一、加強高端人才供給頂層設計

以全局視角對國防科技產業高端人才隊伍建設的各方面、各層次、各種要素進行統籌考慮，在國防科技產業集群的發展戰略和遠景規劃的基礎上，構建適應產業集群發展和競爭的國防科技產業人才供給模式，達到打破封閉環境氛圍、搞活人才流通機制、擴充人才發展通道、提升人才使用效率的目的。以國防科技產業高端人才隊伍的建設帶動和促進國防科學技術的發展，為國防科技產業集群的發展提供有力的人才保障和智力支撐。

一是堅持共同主導，發揮市場配置作用。國防科技產業高端人才隊伍的建設，必須堅持軍事需求牽引、地方政府主導的原則，形成一個軍地共同參與、縱向貫通橫向兼容、運行順暢高效的國防科技產業集群發展人才供給體系。同時，尊重市場在人力資源配置中的決定性作用，充分發揮供求機制、價格機制、競爭機制、工資機制的作用，吸引優秀人才進入國防科技產業領域。

二是成立領導機構，創新體制機制。應逐步建立起政府主導、集中統一、權威高效的國防科技產業集群發展組織管理機構，並設國防科技產業集群發展人才建設管理領導小組，由相關政府、有關職能部門組成。其基本職能為：進行國防科技產業集群人才供給的頂層設計，制定國防科技產業高端人才發展規劃，實施國防科技產業高端人才引進戰略、國防科技產業高端人才培育戰略，推進國防科技產業高端人才體制機制改革，配套相關政策措施，建設相關服務平臺，為國防科技產業集群發展集聚必備的人才資源，形成依靠

國防科技產業高端人才驅動產業集群發展的原動力。

二、積極引進軍民兩用高端人才

將國防科技產業集群發展的技術責任和管理責任分開，將國防科技產業高端人才分為技術人才和管理人才兩類。技術人才集中精力解決國防科學技術轉化和協同開發的難題，開發國防科學技術，進行產品轉化；管理人才在國防科技產業發展戰略、產品開發、市場、營銷、服務等方面投入精力，充分調動和運用自身的知識儲備和專業技能促進國防科技產業的深入發展。積極引進國防科技產業高端人才形成集聚核心層，並以此為中心，形成各領域和各層次國防科技產業人才體系。

一是建立國防科技產業高端人才數據庫，制發人才需求目錄。建立國防科技產業高端人才數據庫，及時瞭解和掌握與國防科技產業集群發展需求相關聯的人才的專長、成就、流動等情況。數據庫建立的重點應放在企業、科研院所、高等學校、科技服務行業等人才密集單位。在制度設計上，應完善摸底調查、信息登記、動態流動等制度。建立與各類專門人才數據庫的通聯信息平臺，實現人才信息的及時更新、動態掌握。隨時根據國防科技產業集群發展規劃和國防科學技術研究需要，制發《國防科技產業集群人才需求目錄》，引導國防科技產業人才合理流動，為人才仲介機構牽線搭橋、覓才薦才提供依據，為高等院校培養國防科技產業人才提供借鑑。

二是搭建各種引才平臺，多渠道聚集人才。加強國防科技產業人才交流平臺建設，成立國防科技產業聯盟，建立「國防技術成果孵化轉化站」，促使國防科技高端人才深度融合。制訂「國防科技產

業發展英才計劃」，以優惠的政策和優越的條件吸引全國各地高端人才；建立「國防科技產業發展海外人才引進中心」，加快海外高層次人才引進步伐。瞄準重點創新領域，在網絡安全、武器研發、航空航天、新材料等對人才和資本需求量大、技術成果外溢效應強的重點領域加大引才力度，建立起人才戰略性優勢。依靠國防科技產業協同創新體系、國防科技重點試驗室等基礎設施和技術研發平臺的建設，聚集高水準人才。加強國防科技企業創新活動與國家大型科技項目的銜接，盡快聚集一批能夠代表國防科技創新的頂尖人才，造就持續創新的創新團隊和領軍人物。

三是暢通人才發展渠道，促進人才流動。要實現國防科技產業的發展，改革國有性質的國防科技企業人才的封閉循環體制殊為重要。國防科技企業要打破戶籍、地域、人事關係等外在條件對人才流動的限制，在不改變原有人事關係的前提下，以契約合同為主要約束形式參加到國防科技產業發展中來。國防科技企業也可以充分運用市場手段和經濟利益調節的方式，把高端人才和急需人才吸引到國防科技人才隊伍中，使國防科技企業在人才市場中獲得優質人才資源。要加快研究制定鼓勵國防科技企業之間科技人才相互兼職的辦法。實行開放式、互動型用人機制，消除或降低人力資本流動的制度性障礙，促進人力資本自由流動，為能夠服務於國防科技產業集群發展建設的優秀人才創造機會和營造良好的氛圍。

三、大力培育國防科技產業高端人才

構建開放式國防科技產業人才培養體系，培養國防科技產業集群發展迫切需要的國防科技專家、戰略管理人才、技術骨幹，驅動

國防科技產業集群發展。

一是整合教育資源，形成開放式培養體系。做好國防科技產業人才培養的頂層設計，以協同式、融合式、開放性、創新性為主要路徑構建國防科技產業人才培養體系。明確國防科技產業人才的培養目標，培養具有戰略眼光和創新思維、懂技術、能協調的高層次人才。針對實踐應用需求構建國防科技人才知識體系，科學設置課程體系。推動產教融合，加強國防科技產業人才培養的針對性、實效性。同時，大規模開展職業培訓、繼續教育，構築國防科技產業從業人員和後備人才的終身教育體系，建立產業人才的「蓄水池」。

二是開展戰略合作，聯合培育人才。採取政、產、學、研、用的合作模式，組織引導政府、企業與高等院校、科研院所開展戰略合作，形成校企合作、校地合作、院地合作、院校合作等多種合作方式，全方位、多領域構築聯合培育國防科技產業高端人才的良好生態。在引導高等院校和科研院所進入國防科技領域、促進國防技術協同創新的同時，依託高校、科研院所、骨幹企業建立研發聯盟，進行「基礎研究—應用研究—產品開發—產業化」全程鏈式人才培育，形成人才的雙向交流，為培育適應國防科技產業集群發展的高素質人才創造良好條件。

三是優先發展核心人才，採取超常措施推進培育。必須樹立核心人才優先發展的理念，優先配置資源、優先開發、優先保障、採取超常措施推進。實行引領式培養，開闢「綠色通道」，聘請國防科技領軍人物，對國防科技核心人才培養對象量身打造成長方案，實施高規格、專門化、個性化培養，精心培養一批國防科技頂尖人才。實行項目式培養，以國防科技產業創新項目為牽引，通過聯合開展

重大產業科研項目攻關、參與產業突破重大活動、完成產業發展重大任務，鍛造培養一批高水準核心人才。實行梯次化培養，圍繞國防科技產業發展規劃做好國防科技人才戰略規劃，著重從高校優秀大學生、企業高學歷高層次人才中選拔更多年輕人才進行超前儲備、重點培養。切實解決年輕高端人才發展中的具體問題，打造不間斷的「高端人才供應鏈」，為提升國防科技產業集群發展核心競爭力提供不竭的動力源泉。

四、著力健全人力資本投資體系

產業集群人力資源集聚及發揮作用需要眾多相關主體共同參與，相關主體包括政府、企業、社會各界。在實施人力資本投資活動過程中，政府起著關鍵性的主導作用。

一是綜合權衡人力資本投資的配置。首先，地方政府進行人力資本投入，一方面要大力發展高等教育，為當地儲備大量技術類、管理類等各類高級專業人才，總體上保障國防科技產業集群發展所需的高端人才資源；另一方面要積極發展職業教育，為國防科技產業發展儲備大量技能型專業人才，滿足國防科技產業集群發展對技能型專業人才的需求。其次，從全局出發，整體規劃國防科技產業集群人力資本的投資，充分考慮投入經費在人力資本的數量累積和質量累積的配置比例，積極引導集群企業將人力資本投資的重點放在組織學習、企業研發和員工培訓方面，切實提高人力資本投資效益。

二是制定各類政策，引導人力資本投資方向。對於國防科技產業集群人力資本的利用和開發，首先應建立科學的人才分類分級體

系，合理評估集群企業所需的各級人力資本，開展資格認證與技能鑒定，為國防科技產業集群企業人員的選聘、使用、培訓和晉升等人力資源工作提供客觀依據。政府要引導人力資本的投資方向，具體包括以下措施：①鼓勵國防科技產業集群企業與科研院校協同，推動科研人員深度互動，提高其研發能力；②支持發展與國防科技產業集群人力資本累積配套的生產性服務業，著力提高研發設計、信息技術、檢驗檢測認證等領域的服務能力，提升集群專業化分工水準；③支持引進國內外知名的職業培訓機構，為集群企業提供職業培訓教育、技能教育，以形成更高的集群生產率；④支持引導集群企業建立和完善其培訓體系，提高培訓及研發的投資效益，夯實國防科技產業集群發展的人力根基，不斷提高集群人力資本累積水準。

三是加大對產業集群外部環境建設的投入。良好的外部環境是留住集群內優秀人才、提升人力資本存量和質量的關鍵。政府作為國防科技產業集群人力資本累積系統中不可或缺的要素，應加大對良好生活環境、市政設施、教育、醫療、區域文化、生態環境等國防科技產業集群外部環境的投入，以環境吸引優質人才，以環境留住優秀人才，提高流入集群的人力資本的質量水準。

第四節　創新平臺要素供給

國防科技產業集群的發展，就是要集群內相關利益者改變目前各自為政的發展格局，根據各自技術和產能優勢，共同構建產業協

同，共享技術資源，共同開拓市場，形成生產資源的最佳配置，最大限度地提高生產效率，提升整體競爭力。為此，必須創新平臺要素供給，以國防技術創新平臺為核心，以國防科技產業資源共享平臺為基礎，以第三方專業化服務為支撐，構建功能齊全、佈局合理、體系完備、開放高效的國防科技產業集群發展平臺體系，強化服務保障體系建設。

一、聚力構建國防技術協同創新平臺

國防技術協同創新平臺是國防科技產業集群發展的核心，能極大地促進共性技術的開發，調整並優化產業的結構。有效整合各方資源，實現國防科技資源優化、重組、共享，在各集群單位之間實現雙向、多向對流，構建以產業技術創新為導向、以項目對接為契合點、以利益共享和風險共擔為合作機制的國防技術創新平臺，推動國防科技產業集群發展。

一是構建國防技術研發平臺。國防技術研發平臺是國防科技產業技術創新活動的基礎和源頭，主要包括各類科研院所、高等院校、重點實驗室、工程技術研究中心、技術創新中心、中試基地等機構。國防技術研發平臺運作方式，主要是通過承接國家或地方重大科研課題和對接企業所需項目，開展國防技術開發，促進技術的轉化、生產設計及工業試驗，同時依託自身技術、人才、設備、平臺等優勢，為國防科技企業提供技術培訓、技術指導、技術難題的攻關和技術諮詢鑒定等專業化服務。此外，還可依託重點高等院校、科研院所和大型企業，聯建、共建產業技術創新聯盟、協同創新中心、工程技術研發中心、新型孵化器等創新載體。

二是構建國防技術產業化平臺。國防技術產業化平臺是國防科技成果擴散轉化的物質載體，是聯結國防科技創新鏈、技術鏈、產業鏈的重要載體。國防技術產業化平臺建設，以產業園、科技園、孵化器、創客空間等為主要形式，瞄準產業高端、高端產業，建立國防科技重大項目儲備庫，開發龍頭產品，發展配套產品，進行產業孵化，扶持創客創業，引導相關企業向園區內集聚，延伸產業鏈條，打造產業集群，營造良好的產業生態圈，高水準推進產業園區建設和營運。

三是構建國防技術公共服務平臺。國防技術公共服務平臺是由政府組建的、直接服務於國防技術推廣的信息集成和仲介集成平臺，主要有科技文獻資源服務中心、信息服務中心、技術創業服務中心、技術轉讓交易中心、行業檢測檢驗服務中心等，為國防技術創新轉化提供各項服務支撐。服務平臺定期發布來自各方的技術信息，採用線上與線下相結合的方式，多途徑地提供技術展示、技術交易、技術定價、在線服務、技術投融資、技術轉化諮詢等專業化服務，實現國防技術供需雙方及合作各方對接，達成技術轉移、聯合開發、聯合推廣等多種形式的合作與交易，協助創新成果轉入產業化平臺，實現國防技術的產業化。

二、積極搭建國防科技產業資源共享平臺

國防科技產業資源共享平臺是國防科技產業集群發展的基礎，人力、物力、財力、技術、信息等不同資源類型的共享，對國防產業集群發展的影響形式與效果也不相同。只有提高產業集群內部各類資源的利用效率，才能增強集群發展的協同作用。建設國防科技

產業集群綜合服務平臺，推進建設互聯網快速接通、大數據信息互聯互通、關鍵共性技術共享打通、科技人才共享共用、工程共建、項目投資合作的綜合平臺，建設專業化的人力、技術、信息、物力、財力等資源共享平臺，形成技術池、資金池、人才池、信息池，促進實質性合作，推動國防科技產業集群的良好發展。

一是搭建人力資源共享平臺。依託國防科技產業集群發展區域內的人才培訓基地、人才交流中心和專家學者庫，建立國防科技產業人才數據庫，組建國防科技產業人才交流服務平臺。

二是搭建財力資源共享平臺。形式包括產業發展專項基金、產業投資基金、科技創新基金、風險投融資平臺和一般性投融資平臺，為國防科技企業的持續創新活動提供資金，並分擔國防科技企業創新的風險，為其持續創新能力的提高提供不竭動力。

三是搭建物力資源共享平臺。建立國防科技資源開放共享長效機制，推動行業檢測檢驗中心、區域內重大試驗設施、大型儀器設備平臺及中試基地、國家重點實驗室、計量機構等的開放共享。物力資源共享平臺能夠為國防科技企業的持續創新活動提供先進的技術設備及其配套服務，為國防科技企業的創新活動提供硬件上的幫助。

四是搭建技術資源共享平臺。該技術資源共享平臺主要包括企業技術研發中心、重點實驗室、工程研究中心、博士後流動站等。技術資源平臺參與國防科技企業的技術創新活動，不僅能使其高效完成創新任務，還可以進行工藝的審查或論證。

五是搭建信息資源共享平臺。搭建區域性信息資源共享平臺，建立國防科技產業基礎數據庫，並以信息資源共享平臺為基本載體，連

結國內外各類重要數據庫，提供優質高效的信息服務。建立需求信息收集發布機制、先進技術和優質產品資源信息收集和推薦機制，推動國防科技產業集群相關主體進行線上信息對接，實現線下合作共贏。

三、大力發展國防科技專業化服務平臺

隨著市場經濟體制的逐步完善和行政管理體制改革的不斷深入，仲介服務機構的地位和作用日益突出。在國防科技產業集群發展體系中，以專業化服務為主導的仲介機構能通過專業知識、信息和技術流動發揮綜合社會分工而產生的眾多比較優勢，互補互動，為國防科技產業集群發展提供服務保障。其市場化收費的價值體現在為國防科技產業集群發展提供所需的增值服務。應大力發展國防科技專業化服務平臺，為國防科技產業集群發展提供規範化、專業化、個性化的全方位服務，提升服務的針對性、精準性和有效性。

一是構建科技服務體系。大力支持和發展專業化的科技仲介服務機構，為國防科技企業的科技創新提供以下服務：科技信息諮詢，如科技資料翻譯、科技文獻檢索、科技情報調研、查新報告；項目技術診斷，如對國防新技術、新產品進行研討、鑒定、評估，出具診斷報告；項目的技術輔導實施，如對技術創意進行優化、完善方案、指導實施；項目產品或技術的檢驗檢測和認證；為投資人篩選項目提供技術服務；為不成熟技術與科技成果再加工進行「二次開發」；提供科研項目申報、管理服務等，以提高國防技術產業化效率。

二是發展技術轉移及知識產權服務平臺。大力支持和發展專業化技術轉移及知識產權服務機構，為國防科技企業提供技術價值評估、知識產權價值評估，提供技術交易、技術轉化等服務。積極有

效的技術轉移服務體系、充分的知識產權保護服務，能消除產業集群企業技術轉移中的種種障礙，加快知識創新和擴散速度，提升技術的轉移轉化效率。

三是發展財稅金融服務平臺。大力支持和發展專業化的財稅金融服務平臺，為國防科技企業提供財務稅收、信用評估、資質辦理等服務，建立專門的中小型銀行、保險公司、擔保公司和小額貸款公司，服務國防科技產業集群各類主體的投融資需要。建立國防科技產業融資平臺，通過產業發展基金、金融機構專項貸款、上市等多種渠道籌集資金，為產業集群發展提供資金保證，促進重點項目技術開發、產品和市場推廣。發揮專業金融機構的專業化服務優勢，輔助符合條件的企業進行股份制改造，開展企業兼併、合作和重組，拓寬企業投融資渠道，做大國防科技產業發展規模，增強企業競爭力。

四是發展營銷貿易服務平臺。大力支持和發展專業化管理諮詢服務平臺，提供營銷管理諮詢服務和貿易服務。通過充分研究國防科技產業市場與競爭狀況，制定正確的營銷戰略，建設區域性產品與技術展示中心，舉辦科技創新挑戰賽、技術成果洽談會、貿易會等，採用新興的多種營銷手段和營銷模式進行專業化的產品和市場推廣。

五是發展人力資源服務平臺。大力支持和發展專業化的人力資源服務機構，積極為國防科技產業集群發展提供人力資源的需求分析與預測、需求信息發布與對接、招聘、人員測評、人才培訓、人才評價考核等專業服務，為國防科技高端人才提供配偶安置、子女教育、醫療保健、居留往來、住房保障等社會化服務，為國防科技產業集群所需各類人才創新創造、施展才華提供全鏈條、全方位的優質服務。

第八章　電子信息產業集群發展研究

電子信息技術良好的通用性，決定了電子信息產業集群發展的有效發展方式。

第一節　電子信息產業在軍工產業發展中的地位和重要性

近年來，推進軍工產業集群發展的政策環境日趨成熟，《關於經濟建設和國防建設融合發展的意見》《經濟建設和國防建設融合發展「十三五」規劃》以及《「十三五」科技軍民融合發展專項規劃》等系列文件相繼出抬，軍地電子信息領域的建設合作更加廣泛，信息基礎設施日漸完善，技術軍地共建共享不斷推進，國家電子信息資源集群化取得一定成效。

一、電子信息產業在軍工產業集群發展中的地位

（1）政治戰略地位

現代國防中，電子信息產品及其產業發揮著重要的作用。未來相當長一段時期，尤其是「十三五」期間，深入推動中國電子信息

製造業創新發展、積極推進電子信息產業集群發展、促其結構調整，是一項重大而艱鉅的任務。

（2）經濟地位

電子信息產業是中國國民經濟基礎性、先導性和戰略性的支柱產業，也是全世界創新性最強、帶動性和滲透性最有力的領域。以集群化的方式發展電子信息產業，體現了軍隊信息化建設的現實要求，也是對電子信息產業發展的客觀規律的尊崇和踐行。

二、電子信息產業在軍工產業集群發展中的重要性

（1）電子信息產業集群發展是現代國防的客觀要求

現代國防中，電子信息產業發揮著舉足輕重的作用。一方面，在信息獲取及作戰指揮中，電子信息產業為現代作戰系統中的偵察、定位、監視等關鍵環節提供成套裝備或零部件；同時，實戰信息技術也為訓練系統的模擬化提供重要支撐。另一方面，在信息戰作為現代戰爭重要手段的當前，電子信息產業成為信息戰的基礎和技術手段。目前來看，電子信息產業民用技術水準整體上較高，資源集聚程度較好，集群化的發展方式有利於加強現代國防建設，通過充分利用民用資源可以為國防採購提供高質量、高性能、低成本的設備和零部件，縮短研究開發的週期，提高研發營運效率。不難看出，在電子信息領域，集群化發展是現代國防發展的必然要求。

（2）電子信息產業適合集群化發展

首先，從電子信息產業的技術特徵看，其通用性強，滲透性高。遍觀各個行業的發展，沒有哪一個行業能夠脫離電子信息和電子信息產品技術的應用。對各個行業的高度滲透性，使整個工業體系對

電子信息產業有著較高的依賴性。隨著信息技術的不斷發展，電子信息產業與其他產業的融合性不斷增強。電子信息產業能夠滲透到其他產業部門中，歸功於其本身的產業特點。比如，與以往的農業相比，現代農業的發展融合了電子信息技術的應用，電子信息技術極大地推動了這個部門的勞動生產率，使這個產業領域不斷獲得領域內的產品創新，推動了這個行業部門的快速發展。以這一視角來看待農業行業所取得的產品和提供的服務，必然都包含著電子信息產業所創造的價值。其他行業，如機械製造、航空航天、交通、物流等行業，也都有電子信息產業的滲透性作用，包含著信息技術和信息產品帶來的價值。而且，電子信息技術本身在軍用和民用中的差別較小，更容易和更方便轉換。例如，在氣象和環境領域廣泛民用的電子設備雷達，是最早用於軍用的電子設備；在搭載音頻和視頻信號後，最初作為軍用的通信電臺成為民用產品。

其次，電子信息產業在軍工中發揮著提供配套的重要作用。軍方採購的電子信息產品，一是與民品差別較小的通用設備，如計算機和通信終端等；二是如航空航天設備、軍用車輛等包含電子信息元器件的武器裝備。以零配件的形式，除雷達等少數成套裝備外，軍方採購的多數武器裝備包含了電子信息產品。

軍方採購電子信息產品的特點以及電子信息產業依託技術的通用性決定了該產業規模效應，也為電子信息產業集群化發展提供了有效的前提條件。

第二節　中國電子信息產業的發展現狀

電子信息產業是研製和生產電子設備及各種電子元件、器件、儀器、儀表的工業，由廣播電視設備、通信導航設備、雷達設備、電子計算機、電子元器件、電子儀器儀表和其他電子專用設備等產業和行業板塊構成，是一種新的軍民結合型產業，具有高科技以及現代化的特徵。電子信息產業的應用是非常廣泛的，絕大部分已經融入生活各個方面，人們的衣食住行已經離不開各種電子信息設備了。中國的電子信息產業經歷了三個階段：起步階段、快速發展階段以及現在的繁榮發展階段。總體而言，電子信息產業在中國各個產業中的作用是巨大的，同時也為中國經濟發展做出了巨大貢獻。此外，隨著中國自主科技研發能力的穩步提升，中國也逐漸由「製造大國」向「創造大國」轉變，國家電子信息技術人才也與日俱增。

一、電子信息產業發展的政策

自 2015 年以來，在國家鼓勵和政策支持下許多民營企業加入軍工配套體系，打破了軍工的封閉環境，將國防科技工業根植於國民經濟體系之中。2017 年 1 月，中共中央政治局設立中央軍民融合發展委員會，由中共中央總書記、國家主席、中央軍委主席習近平任主任。2017 年 5 月電子信息產業軍民融合推進委員會成立，中國工程院院士樊邦奎出任軍民融合推進委員會主任委員。兩個委員會的相關工作推進使得許多政策不斷落地，使得軍民融合發展具體規劃

加速前進，也進一步使得電子信息產業蓬勃發展（表 8-1）。

表 8-1　促進電子信息產業發展的相關政策

政策層級	政策名稱	頒布時間	主要相關條文
國家級	《關於經濟建設和國防建設融合發展的意見》	2016-03-25	必須採取有力措施，推動經濟建設和國防建設融合發展。加強統一領導，搞好軍地協調。落實軍民融合發展戰略是各級黨委、政府和軍事機關的共同責任
省部級	《2017 年國防科工局軍民融合專項行動計劃》	2017-06-22	一、強化頂層設計，推動重點區域軍民融合率先突破。二、深化民參軍，推動軍工開放發展。三、推進軍轉民，壯大軍工高技術產業
	《關於全面改善貧困地區義務教育薄弱學校基本辦學條件的意見》	2013-12-31	推進農村學校教育信息化。要逐步提升農村學校信息化基礎設施與教育信息化應用水準，加強教師信息技術應用能力培訓，推進信息技術在教育教學中的深入應用，使農村地區師生便捷共享優質數字教育資源。穩步推進農村學校寬帶網絡、數字教育資源、網絡學習空間建設。要為確需保留的村小學和教學點配置數字教育資源接收和播放設備
國家級	《中華人民共和國國民經濟和社會發展第十三個五年規劃綱要》	2016-03-17	超前佈局下一代互聯網，全面向互聯網協議第 6 版（IPv6）演進升級。佈局未來網絡架構、技術體系和安全保障體系。重點突破大數據和雲計算關鍵技術、自主可控操作系統、高端工業和大型管理軟件、新興領域人工智能技術。加快實施「三通兩平臺」建設工程，繼續支持農村中小學信息化基礎設施建設。通過購買服務建設國家級優質教育資源平臺。以職業教育和應用型高等教育為重點，發展現代遠程教育和在線教育
	《「十三五」國家科技創新規劃》	2016-07-28	發展自然人機交互技術，重點是智能感知與認知、虛實融合與自然交互、語義理解和智慧決策、雲端融合交互和可穿戴等技術研發及應用。探索感知認知加工機制及心理運動模型機器的實現，構建智能交互的理論體系，突破自然交互、生理計算、情感表達等核心關鍵技術，形成智能交互的共性基礎軟硬件平臺，提升智能交互在設備和系統方面的原始創新能力，並在教育、辦公、醫療等關鍵行業形成示範應用，推動人機交互領域研究和應用達到國際先進水準

表8-1(續)

政策層級	政策名稱	頒布時間	主要相關條文
國家級	《關於深化國防和軍隊改革的意見》	2016-01-01	強調軍民融合發展。著眼形成全要素、多領域、高效益的軍民融合深度發展格局，構建統一領導、軍地協調、順暢高效的組織管理體系，國家主導、需求牽引、市場運作相統一的工作運行體系，系統完備、銜接配套、有效激勵的政策制度體系。分類推進相關領域改革，健全軍民融合發展法規制度和創新發展機制
國家級	《推進裝備領域軍民融合深度發展的思路舉措》	2017-02-24	開展軍民融合創新政策先行先試方案論證，設立聯合基金，在軍事航天領域探索開展採購商業服務試點。降低准入門檻，實現「武器裝備質量管理體系認證」與「裝備承製單位資格審查」兩證融合管理，實現「兩證合一」。擴大民參與範圍，調整武器裝備科研生產許可目錄，繼續縮減許可範圍，減少許可項目數量。制定《裝備採購信息發布管理辦法》，優化採購信息息，完成第二批涉密查詢點建設並運行。制定《裝備採購競爭失利補償管理辦法》，開展競爭採購失利補償試點，發布並適時調整更新《競爭性採購負面清單》。開展承製單位合同履約信譽等級評定點，淘汰在質量、保密、信譽以及經營狀況等方面存在重大問題的企業，完善預警和退出機制
省部級	《工業和信息化部關於促進軍民融合式發展的指導意見》	2014-04-03	到2020年，形成較為健全的軍民融合機制和政策法規體系，軍工與民口資源的互動共享基本實現，先進軍用技術在民用領域的轉化和應用比例大幅提高，社會資本進入軍工領域取得新進展，軍民結合高技術產業規模不斷提升
軍隊級	《關於加快吸納優勢民營企業進入武器裝備科研生產和維修領域的措施意見》	2014-05-20	實施分類審查准入。第三類是軍選民用產品的承製單位，申請企業需建立國家標準質量管理體系，只進行資格審查（以文件審查形式為主）。對參與軍選民用產品招標競爭的企業不設特別資格限制，凡產品及服務符合招標要求的企業均可參加投標，中標企業經資格審查後，可註冊第三類裝備承製單位資格

二、電子信息產業發展的市場現狀

電子信息產業是當今世界社會和經濟發展的重要推動力量，世界主要國家都將電子信息產業作為重點發展的支柱性產業。近年來，在全球電子信息產業飛速發展的大背景下，特別是黨的十八大以來，在以習近平同志為核心的黨中央領導下，中國電子信息產業取得了可喜的成就，並將繼續保持快速發展。

（一）電子信息產業的市場結構和區域特徵

《中國電子信息產業綜合發展指數研究報告》指出，2016年中國電子信息產業發展對國民經濟的穩定增長起到重要的支撐作用。相關數據顯示，該年度電子信息產業的主營業務收入為17萬億元，年均增速高達11.6%，是2012年的1.55倍。從結構上看，電子信息製造業和軟件業增速始終居各主要行業前列，兩者分別為9.5%和18.1%。2016年電子信息產業利潤總額為1.3萬億元，年均增速高達17.3%，是2012年的1.89倍，從結構上看，其中電子信息製造業為16.5%，軟件業為18.2%。

同時，可以看出中國電子信息產業在東、中、西不同區域呈現出的差異化發展趨勢。一方面，東部地區發展一直處於全國領先地位，在整個電子信息製造業發展中發揮著龍頭作用。相關數據顯示，2016年東部地區電子信息製造業主營業務收入占全國的比重為74.7%，研發人員規模占全國的比例達70.5%。另一方面，中西部地區以四川、湖北、重慶等為典型，它們主要承接產業轉移，發揮資源、環境生態等方面的優勢，加速產業發展步伐。

（二）軍用電子信息產業發展與發達國家存在一定差距

電子信息產業在軍工發展中主要提供重要的配套作用，其產品主要涉及兩類：一是計算機、通信終端等與民品差別較小的通用設備；二是包含電子信息元器件的武器裝備，如航空航天設備、軍用車輛等。軍用電子信息產業生產的產品在強度和穩定性等方面的要求都高於民用產業，但外觀要求更低，且軍用電子信息產業的產品

更新速度更慢。因此，軍用電子信息產業的產品的質量總體更高但產品結構較單一。此外，由於國有企業的進一步深化改革，國有軍工電子企業收入水準下降，專業人才流失嚴重，軍用電子信息產業與西方發達國家相比，還存在較大差距。

(三) 民用電子信息產業發展態勢向好

電子信息技術的發展速度極快，成為社會主義新時期的高新產業代表，為社會發展和進步起到了重要的作用。民用電子產業的發展重點放到了信息產品的製造以及產業的製造上，同時也擴展了領域，如多媒體業務、通信業務以及網絡游戲等。在中央及各地政府的政策扶持和稅收優惠下，民用電子信息在近幾年也是在穩中向好發展，在各類終端中的應用日益廣泛。雲計算、移動互聯網等在推動工業轉型升級、促進兩化深度融合方面發揮了積極作用；信息技術在工業領域滲透到汽車電子、機床電子、智能交通、金融電子等大量拉動性強的產品中，對國民經濟的增長有很重要的帶動作用。但是由於市場需求的多樣性以及產品更新換代的速度逐漸加快，民用電子信息企業也面臨著新技術研發的難題和人才的極大缺乏。總體來看，民用電子產業的發展呈現向好態勢。

第三節　電子信息產業發展面臨的機遇和挑戰

「十三五」時期，新一輪科技革命和產業變革蓄勢待發，產業迅速發展，軍地電子信息領域建設滲透更加廣泛，信息基礎設施和技

術軍地共建共享，國家電子信息資源綜合利用成效顯著。社會信息化將深入發展，這為中國電子信息產業的大發展提供了廣闊發展空間。不難看出，中國電子信息產業在「十三五」時期將邁向更大的舞臺，既迎來新的發展機遇和發展空間，也面臨新一輪產業升級及市場競爭的嚴峻挑戰。

一、電子信息產業面臨的機遇

(一) 頂層設計之下國家促進電子信息產業發展的政策紅利

國務院印發的《「十三五」國家戰略性新興產業發展規劃》明確提出做強信息技術核心產業。順應網絡化、智能化、融合化等發展趨勢，著力培育建立應用牽引、開放兼容的核心技術自主生態體系，全面梳理和加快推動信息技術關鍵領域新技術研發與產業化，推動電子信息產業轉型升級取得突破性進展。同時，國家在投融資、稅收優惠、出口、收入分配、人才吸引與培養和採購等方面實施了一系列配套政策措施。這些陸續出抬的政策，為行業發展注入新的動力的同時也帶來較大機遇。尤其是近年來，「中國製造2025」「互聯網+」行動計劃等一大批重大戰略舉措相繼出抬，進一步鞏固了電子信息行業在國民經濟中的基礎性、先導性、戰略性和支柱性地位。

(二) 電子信息產業在軍工產業中重要地位的確立

富國和強軍是推動中國國防科技產業集群發展的主要目標，電子信息作為六大產業之一，是國家國防科技工業建設的重點領域，也是實現國家現代信息技術跨越式發展的基礎產業，無論是在軍用

還是在民用方面都具有巨大的潛力。現代戰爭往往是信息戰爭，軍事電子信息技術決定著現代戰爭的走向，在國家「強軍」目標體系下，提高現代軍事信息技術是國家國防發展的重點方向。同時，隨著基礎設施建設領域統籌力度的加大，電子信息在交通、測繪、信息等領域共建共用也取得一系列進展。

（三）電子信息產業發展的現實機遇

加快電子信息技術發展，是實現富國與強軍的國家目標，深化供給側改革，不斷推動產業技術升級的現實需要。隨著自主科技研發能力的穩步提升，中國也逐漸由「製造大國」向「創造大國」轉變，進入了電子信息產業發展的黃金期，同時國家電子信息技術人才也在與日俱增。因此，電子信息產業依託其技術密集度吸引了大批企業，除了發揮電子信息自身的國防功能以外，電子信息在大數據、互聯網、智能機器人以及一些多媒體業務方面已帶動信息化發展。

（四）電子信息產業廣闊的市場前景

將互聯網應用由消費領域向生產領域拓展，有效擴大電子信息行業的市場需求是國家《關於積極推進「互聯網+」行動的指導意見》的重要內容。《國家集成電路產業發展推進綱要》也明確指出，國家集成電路產業投資基金運作良好，對夯實產業發展基礎的推動作用顯著。物聯網、雲計算、大數據等相關領域一系列政策相繼出抬，對規範新興業態發展，培育產業新的增長極，起到了積極的推動作用。軍民融合戰略下，軍工企業與民間企業合作，加快推進國

內電子信息產業的結構升級和優化。彎道超車的步伐通過技術與模式創新加快，融合發展得到深化。在市場資源和優勢技術的支撐下，中國在智能製造、新一代通信網絡、雲計算、大數據等新興領域已實現提前佈局，部分領域的技術水準與應用實踐已走在世界前列。

二、電子信息產業面臨的挑戰

（1）電子信息產業技術水準與發達國家相比仍存在差距

中國的電子信息產業相較於發達國家在時間上發展得較晚，技術上不盡成熟，技術含量較低，總體技術水準呈現相對落後的狀況。基礎仍較為薄弱的領域包括關鍵共性技術、底層軟硬件和核心元器件等；「淘汰出局」的風險在重資本、重累積的信息技術競爭中時有發生。由於電子信息產業中的不同環節相互關聯，這種彼此制約的關係使得每個環節都異常重要。對電子信息工作者紮實掌握理論和實踐的相關知識等要求較高，而目前中國的人才培養和發展情況尚有不足。

（2）高級信息人才缺口大，激勵不足

在電子信息飛速發展的時代，信息產業包含了技術和知識的結合，對人才的需要較為迫切。然而目前由於中國信息產業企業的規模普遍都相對小，對人才的吸引政策和培養機制尚待完善，而相比外資企業或發達國家的大型企業，相關專業人才更容易集中。同時，從起步時間上看，由於中國信息產業發展較晚，與之同步的人才培育工作也相對滯後，不論從人才的存量還是質量和增速上看，與市場的要求都還存在一定差距。尤其是在高端人才的招募和培養上尚待完善。由於普通的電子信息工作者並不能夠勝任需要高級信息人

才的電子信息工作，中國的電子信息產業存在人才上的較大缺口，產生結構性失衡。

（3）貿易壁壘加劇國際競爭

儘管國際競爭在不斷加劇，中國企業仍在國際市場上發揮著舉足輕重的作用。發達國家頻繁通過反補貼和國家安全等壁壘限制中國一些產品出口和跨國併購，而新興經濟體也會基於對本國產業發展的保護而增多壁壘。目前電子信息行業在技術研發、標準規範和人才交流等高水準合作方面深度不夠，其對外合作仍以產品貿易為主；在參與度、話語權和貢獻度方面仍有待提升。儘管單一企業「走出去」有一些成功的案例，但產業鏈整體對外開放和參與國際競爭的協調度較低，同行業中，不同企業間的惡性競爭問題依然存在，尚需拓展新模式和新方法。

（4）轉變發展方式迫在眉睫

從當前的市場發展情況來看，電子信息產品的產業內競爭異常激烈，產品的升級換代速度較快，基本上一年半的時間大多電子信息產品就會升級換代。科技的發展為人們帶來了利好，一方面商品價格會變得越來越便宜，另一方面產品性能較以前更好。可以明顯看出，信息技術的飛速發展使得其產品更新換代的時間不斷縮短，速度不斷提升。這就使得電子信息市場中的各個企業必須加大研發力度，提高研發效率，以適應市場的節奏和快速變化。中國電子信息產業核心技術研發不足，唯有轉變發展方式，提升價值鏈，才能抓住軍民融合戰略帶來的機遇，實現由大到強的轉變。

三、中國電子信息產業發展的趨勢

電子信息產業是中國經濟發展和相關產業拓展的先導產業和領先行業，中國電子信息產業的未來趨勢主要呈現以下幾個特徵：

首先，是該產業的制度化和法制化。當前中國 5G 技術發展迅猛，軍工、民用電子信息產品不斷推陳出新。但是，信息安全等相關法律法規尚不健全，相關制度和法律亟須完善，以確保相關行業及其產品較強的市場競爭力。

其次，未來電子信息產業對技術型、全能型人才的需求較大。相比之下，目前中國處於高端人才的補足期，因此亟須建立系統的選拔和培養體系，建立完善的人才培養機制。

最後，產業集群發展背景下，電子信息技術也將面臨更大的資金投資缺口。除了國家融資以外，各類融資渠道也是為電子信息產品研發提供資金保障的途徑。在軍民融合發展戰略下，中央及各個地方政府對電子信息產業的相關政策也在緊鑼密鼓地籌劃和認真推進中，電子信息產品的國際競爭力將隨之不斷增強。

第四節　基於全球視角的電子信息產業集群發展經驗借鑑

隨著全球科技的發展和產業競爭的加劇，技術創新變得越來越複雜，集群化發展是整合各類資源、提高國家創新能力的重要路徑，也是構建國家創新體系的關鍵環節。在電子信息產業集群發展方面，

美國、日本、法國等國家的發展模式，對中國具有一定的借鑑意義。

一、電子信息產業發展的全球趨勢

世界主要發達國家對電子信息產業的發展高度重視，美國、日本、英國、德國等都制定了本國電子信息產業發展的國家政策。近年來，印度等一些發展中國家的電子信息產業也在迎頭趕上。儘管受到全球經濟環境的影響，世界電子信息產業規模依舊穩步增長，達到1.8萬億元以上的市場規模。從發展的主要領域來看，市場上主要產品包括電子元器件、電子處理設備、無線通信設備、控制與儀器設備等，這主要得益於物聯網、大數據、雲計算、人工智能、5G技術等新興技術領域的發展。

二、電子信息產業集群發展的經驗借鑑

世界主要軍事強國都持續推進軍工產業集群發展。而電子信息產業作為推動世界經濟發展、社會進步的核心支柱性產業，從誕生之日起就受到各國政府的重視。電子信息產業的集群發展也是各國政府工作的重點。

（一）美國電子信息產業集群發展

美國作為電子信息技術的發端國，長久以來以其雄厚的研發能力、豐富的產品、巨大的市場份額一直穩居世界電子信息產業的第一位，成為各國爭相效仿的榜樣。其電子信息產業的集群發展也為中國提供了經驗借鑑。

1. 與民營企業簽訂項目合作協議

隸屬於美國國防部的國防高級研究計劃局（Defense Advanced Research Projects Agency，DARPA）是世界上最著名的軍用技術研發機構之一，成立於 1958 年。一些巡航導彈和隱身戰鬥機等軍用武器、無人機、無人車及全球衛星定位系統等軍民兩用科研項目的研發，都與該機構密不可分。該機構是美國國防部門的戰略合作對象之一，同時與許多民營企業也開展了電子信息方面的技術合作。如與 BAE 系統公司簽訂了「認知電子戰系統」和「深海導航定位系統」的項目合同。

2. 鼓勵軍工技術市場開放

政府將部分應用範圍廣泛的先進技術向民間開放，由民營公司、其他研究機構自行進行技術的轉化和開發。比如，GPS 作為全世界使用最為廣泛的定位系統曾是美國國防部在美蘇冷戰時期的重點研發項目，累計投入了 10 億美元，這在當時是沒有哪一家科技公司可以獨立自主完成的。美蘇冷戰期間，這一項技術作為絕密技術僅提供給國防軍事部門使用，直至 1996 年，克林頓政府決定將這一技術向民用市場開放，由民營企業自主轉化和應用，以促進產業發展，帶動美國經濟社會發展。截至目前，全球無數個人、創業企業、跨國公司、科研院所等都在 GPS 的基礎上擴展出了新業務和新應用。

3. 激勵支持

美國為推動電子信息產業持續創新採取了資金支持、政策引導、技術標準設定以及人才戰略等措施。

（二）日本電子信息產業集群發展

1. 標杆企業領頭生產

民品生產與軍品生產相結合是日本長期實行的政策。可以看到，一般在同一工廠，既有主要生產軍品的車間和工廠，也有民品的流水線。例如著名的東芝公司，不光在數字技術、移動通信技術和網絡技術等領域取得飛速發展，同時也負責為日本防衛廳生產精密制導武器，包括生產各類坦克、機槍、導彈和大炮。

日本的武器裝備生產多形成以若干大企業集團領頭組成的軍工產業群。圍繞著這些大型工廠或者說是總裝廠，外圍分佈著各類擁有技術專長、實力雄厚的中小工廠。根據各自經營服務範圍的不同和自身的專業化優勢進行分工協作，從而形成軍民融合的體制。這些逐漸壯大起來的產業集群成為日本國防工業發展的主力軍，為國防軍事提供了大量高質量的軍用武器裝備產品。

2. 優惠扶持

日本政府對包括電子信息產業在內的軍工企業採取保護和扶植的措施，由於戰時和非戰時的訂單差異顯著，許多軍工企業想轉向其他產品的生產，為了保證國家武器裝備的正常供應，政府出抬了許多大量扶植政策以保持軍工企業對軍品生產的積極性。通常情況下，政府多會在政策上給予相應的體系化的扶植措施和配套政策；在軍工企業的管理方面也會積極參與，以指導企業優化產品和生產結構、適時調整生產目標。

（三）法國電子信息產業集群發展

1. 強化民營企業對基礎研究和應用研究的參與

從機構設置上看，法國國防部直屬的研究與試驗機構、高等院校和軍工企業的科研機構是法國國防科研的中堅力量。從職能分工上看，承擔軍事應用研究、技術開發利用及少量基礎研究的是國防部直屬研究與試驗機構；主要承擔武器裝備的設計和試製任務的是軍工企業科研機構；主要承擔基礎技術研究的則是高等院校科研機構。

2. 通過合同管理強化經費監督機制

國防部通過建立嚴格的合同管理機制對軍工企業簽訂的合同進行全方位的審核和監管，在經費使用上進行嚴格的監督和成本管控，保證科研經費的專項使用。在外包科研合同方面，政府對每項武器裝備發展計劃的承包商進行嚴格的資格審查，通過建立嚴格的資格審查制度，確保在競爭擇優的基礎上確定最終的軍品承包商。

3. 重視軍民技術的轉化

20世紀90年代以來，法國政府就鼓勵民營企業進入國防工業領域，通過實施國家大型技術計劃來發展軍民兩用高新技術，將部分軍用技術向民營企業開放，鼓勵其轉化應用，這迅速提高了眾多民營企業技術實力並使其在產業和技術發展上取得了巨大的成效。如法國紅外探測器公司Sofradir紅外傳感器產品大部分供應於軍方，即「民參軍」，但其本質上屬於「民營企業」；同時，發展軍用紅外傳感器的Sofradir也積極進入民品市場，實現了「軍轉民」。

第五節　推進中國電子信息產業集群發展的對策建議

產業集群化發展需依靠政府的支持性政策、科技的快速發展和人才的大量儲備，實現技術集聚、人才集聚、資本集聚。尤其是技術創新運用於產業化進程中，是電子信息產業集群發展、促進經濟增長的關鍵性措施。通過創新鏈構建提升產業鏈，是促進產業集群化發展的有效途徑。為更好地支撐現代國防軍工產業的發展、促進電子信息產業的發展，特提出如下建議：

一、調整產業產品結構，鼓勵民用企業開發運用軍民兩用技術，帶動整體躍升

一方面，應鼓勵民營企業加入軍用技術研究開發中來，同時將現有的部分民用技術進行再開發，升級轉化為軍民兩用技術。對那些具備研發能力的民營企業，給予政策引導和人財物方面的適度支持，降低兩用技術開發的政策壁壘。另一方面，要讓軍方及時瞭解民用高新技術具有軍事電子應用成果，鼓勵民用企業建立民用高新技術成果的通報和展示制度；通過實行軍民企業同等優惠政策、向民用單位發布與軍用企業協調配套指南等方式，支持民用技術為軍工服務。此外，建立軍民兩用技術轉化服務平臺，整合現有軍用和民用兩類技術資源，通過資源的重新配置加速軍民兩用電子信息技術轉化的成功率，促進軍民兩用技術產業化。

二、重視電子信息產業人才培養，制訂和完善高端人才引進方案，加強人才保障

一是在人才培養和引進方面，要培養「專家型」和「複合型」的人才隊伍，強化人才培養的標準化建設，尤其重視軍民通用標準化複合型人才的培養。通過軍地合作、軍民合作等方式開展聯合培養。二是要加強軍地標準化人員的技術交流，通過學術交流會議的組織及軍地標準化部門與高等院校、科研院所等相關部門的合作，積極培養電子信息產業人才，提高相關人員的專業素質及能力。三是要加強對外開放與合作交流。此外，要制定完善的人才優惠和支持政策，完善其工作晉升機制和薪酬體系，從而減少高技術人員的流失。

三、弱化政策壁壘，將技術、制度和市場三者深度融合

一方面，從軍隊武器裝備的採購特徵看，國家對軍用電子信息產品的需求通常不穩定、不連續，技術要求也較高，民營企業很難與軍工企業競爭。為此，針對以上領域，需保證相應產品仍由國有軍工企業提供相應裝備的研發、生產、配套及維修。另一方面，政府可以通過鼓勵其他性質企業提供相關生產和服務配套的方式，提高本地配套企業的技術能力，以實現軍民在技術上的融合。此外，要使中國的電子信息產業朝著軍民融合的方向發展，應注重消除原有僵化的行政機制對軍工企業的生產和研發計劃的干預，加強混合所有制改革，充分發揮市場的作用，推進軍民兩方在市場體制機制上的自運行和完善。

第九章 核產業集群發展研究

世界上核能及核技術產業是典型的軍轉民技術應用的結果。從核反應堆的堆芯、燃料組件、放射性廢物處理、安全防護，到核燃料天然資源的勘探、採集、提純、濃縮，以及核燃料的生產全過程，甚至是核科研的開發、核安全、人才、後處理、放射性廢物處理處置等基礎環節都是世界核能核技術應用路線的典型擴展。推動核能及核技術產業深度發展是國家的重大戰略，發展前景廣闊。

核工業在民用領域的應用，從大類行業角度分類包括核能動力行業（以下簡稱「核能」）與非動力核技術應用（以下簡稱「核技術」）行業。

第一節 世界核能及核技術產業發展概況

一、核動力產業

核能作為動力能源曾經被公認為清潔、高效的能源，是解決全球能源短缺、降低碳排放的有效手段。福島核泄漏事故發生之後，國際上對核能發電選擇了繼續實施或者暫停觀望兩種不同的路線。

（一）逐步退出核能應用的國家

以德國、瑞士、義大利、科威特、日本為代表的國家對核能安全應用持懷疑和退縮態度。

德國在福島核洩漏事故發生之後，臨時關閉了8座核電廠，還有9座核電廠正在運行，所有的核電站計劃在2020年前後全部停運，成為第一個主動放棄核電技術的歐洲國家，並將其國家能源策略主要方向調整到綠色再生能源。瑞士、義大利、科威特等國也陸續表示將會全面放棄核能。大多數國家表示在本國已有的核堆達到運行壽命停止運行後，將不會再繼續建設新的核堆。

2012年，日本政府在《可再生能源及環境戰略》草案裡，提出「盡快擺脫對核電的依賴」的目標，其目標分兩個階段分步實施，爭取在2018年後日本的核電占比低於15%，並持續下降到0。

（二）對核能應用繼續持樂觀態度的國家

美、英、法等核能大國及發展中國家，或基於對核技術的應用，或基於對能源短缺的需求，對核能應用仍持樂觀態度。

美國能源部繼續推進小型核能反應堆的建設投產工作。美國國家核能監管委員會對此提出，如果發生事故，比如短期內電力供應中斷或者核反應堆大範圍受損，核電廠應該備有應急預案並具有可實施預案的能力。2013年即福島核事故後第二年，美國在停滯了近30年後又啟動了兩個新堆的建設項目，這兩個新堆所運用的系統和福島核電站系統原理不同，可以避免像福島核事故這樣的問題發生。法國是全球使用核電比例最高的國家，其核電量占總電量的比達到

75%。法國表示核能是保證國家能源充足的重要途徑，不會因為福島核事故而放棄核能發電。

英國也選擇繼續發展核能。在新擬訂的核能發電方案中，英國計劃建設發電量更大的核電站，並在 2050 年前新建 22 座核堆用於更換現有堆中的 20 個。

加拿大地域廣闊，自然能源非常充沛，目前主要的發電途徑是水能發電。但加拿大仍舊加大了在可再生資源方面的研發力度，正在安大略省建設 4 座核電站，其中一座是目前全世界正在營運中的最大核電廠。

亞洲相關國家正在運行的核能發電組超過 120 臺，其中日本和韓國合計超過半數。中國和印度正在建設的核能發電機組數量領先於其他國家。據國際能源署預測，世界範圍特別是亞洲的核能發電將在未來 20 年內快速發展；在未來 30 年中，發展中國家特別是中國和印度的核能發電增長比例會加速提升。印度計劃用 40 年左右時間將本國的核能發電率從 3% 提升至 25%。中國則將努力降低化石類能源發電的占比，並積極新建核電站，同時在相關技術領域加大研發力度。

二、核技術應用產業

與核動力應用處在調整狀態不同的是，非動力核技術應用正在蓬勃發展。發達國家的核技術廣泛應用於工業、農業、生物、醫療、食品、環保、勘探等各個領域，產業化已經非常深入，已形成龐大的產業鏈，造就了不少在某些核應用細分領域的傑出企業，包括 IBA、Varian、Elekta 等。

美、日、歐等發達國家和地區核技術應用產業發展有四個最主

要的特點：①軍用技術向民用技術轉移，②產業不斷受時代主導行業帶動，③技術主導產業發展，④資本整合推動產業發展。

　　國際原子能機構也在不斷調整工作方向，連續幾年將非動力核技術應用工作列為優先事項。國際原子能機構的行為表明核科學和技術在醫療、食品安全、工程應用以及應急中的作用不斷提升。核技術為解決相關領域的問題提供了新的思路和方法，降低了設備使用成本，提高了檢測和反應速度，是工業與科研創新的重要支撐力量。

第二節　中國核能與核技術產業發展現狀

一、核能產業發展現狀

　　核產業鏈市場應用廣泛，經濟效益巨大。建設一座三代技術的核反應堆的成本造價為 10,000 元/千瓦，一座 100 萬千瓦核反應堆的造價約為 100 億元人民幣，而國際上現在主流的三代核電技術的核電站造價成本遠遠高於這個價格，普遍在 5,000～7,000 美元/千瓦，因此圍繞核能發電的市場規模非常可觀。

　　中國經過幾十年不斷向前發展，安全且高效的核電在保障國家能源安全、緩解環境壓力、優化能源結構、促進產業轉型升級、助推創新型國家建設方面起到了巨大作用。

（一）核能填補了中國電力缺口，是國家能源安全的戰略選擇

　　2014 年，中國人均用電量為 4,040 度，約是美國的 1/4，不到日本的 1/2；人均年生活用電量為 507 度，約為美國的 1/10、日本

的1/5。全面建成小康社會，中國用電量需求巨大。核能是大國保障能源供應安全的普遍選擇，絕大多數發達國家都擁有核電站，並將核能作為能源體系的重要部分。能源匱乏的國家對核能發展尤為重視，如法國核能發電占比達到77%，韓國為30%。即使能源十分豐富的國家，如美國、俄羅斯、加拿大，甚至阿聯酋、沙特等中東國家，也在大力發展核能。1千克鈾-235釋放的熱量相當於2,700噸煤，一座百萬千瓦核電機組一年的燃料僅需要20~30噸，幾輛卡車就可以運輸，而相同裝機的火電站每天需要上百節火車皮。核能作為中國非化石能源中唯一可大規模利用的替代能源，對保障中國能源安全具有不可替代的作用。

（二）核能優化了中國能源結構，碳減排為減少能源污染做出了貢獻

中國以煤為主的能源結構已經難以為繼。2014年，中國煤炭占一次性能源消費的比重約為65%，遠高於27%的世界平均水準；消費量約為35億噸標準煤，占全球煤炭消費量的一半。煤炭的燃燒最終會導致空氣質量變差等環境問題，如霧霾。中國的環境承載力幾乎達到了極限，能源結構亟待優化與調整。核電是清潔能源，而且它基本上不排放有害物質如二氧化硫、二氧化碳、粉塵和氮氧化合物。2018年中國核電發電量約為2,944億千瓦時，同比增長18.6%，占全國總發電量的4.2%，相當於少消耗0.9億噸標準煤，減少二氧化碳排放2.8億噸。要兌現空氣環境問題中霧霾治理的承諾，需要不斷優化能源結構，盡可能實現提高非化石能源比重的目標。核電的長足發展，也是中國能源優化發展的必然要求。

（三）核能為創新型國家建設貢獻了重要力量

核能產業技術密集、知識密集，世界核強國都十分重視核技術的研發和應用，力爭占領核科技領域的制高點。開發更加先進的核能技術是核電安全發展的保障，按照國際最高安全標準加快具有自主知識產權的新一代核電技術開發和工程建設，完善先進的核燃料循環體系，是核工業落實創新驅動發展的重要體現。同時，核級設備要求高、難度大，大力發展核電對提高機械、材料、化工、冶金、電子、儀器製造等數十個行業的材料加工水準具有重要的意義，也有利於推動從勞動密集型產業向技術密集型產業轉型，對中國的產業升級具有十分重要的推動作用。

（四）核電提升了國家出口經濟效益

核電「走出去」，顯然已成為中國的國家戰略，它是國家對外的新名片，同時對打造中國產業經濟「升級版」具有十分重大的意義。例如，出口國外的中國具有自主知識產權的第三代核電技術「華龍一號」的設備設計、製造、建設、技術服務和培訓等內容都由國內提供，其中單臺機組系統就由 8 萬餘套設備構成。這 8 萬餘套設備由國內 200 多家生產企業參與製造，帶動產生了 15 萬個工作崗位。中國出口該技術的價格約為 300 億元人民幣，相當於 30 萬輛小汽車的出口價值。若再加上這幾十年的核燃料供應和相關的後續服務，單臺機組在全壽命週期就可以有效創造約 1,000 億元人民幣產值，核電的出口，大大拉動了中國經濟增長，並且產業結構優化調整的作用尤為明顯，市場潛力巨大。

日本福島核事故之後，全球的核電發展在曲折中前進。到目前為止，已出現加速回暖上升的態勢。從國際核電市場的需求來看，一共有72個以上的國家已經或者正計劃發展國內的核電，其中有核電並繼續發展核電的國家有27個，無核電但正在開發核電的國家有17個，其中越南、白俄羅斯、阿聯酋等國的首臺核電機組已開工建設，無核電正計劃發展核電的國家已經有28個。預計到2020年，全球即將新建大約130臺核電機組；到2030年，將會達到300多臺。國外核電市場前景廣闊。

中核集團作為唯一出口過核電機組並實現批量出口的企業，已經取得了良好的業績，已成功向7個國家出口4臺核電機組和8臺核裝置。近年來，中核集團自主研發的三代核電技術「華龍一號」已經引來了2份出口合同、5個合作框架協議。中國還與阿根廷簽署了1臺壓水堆核電站合作建設協議。同時，我們正在與埃及、英國等多個國家開展核能洽談合作。2020年前，中國自主三代核電技術在海外將有多臺機組開工建設。

就目前狀況來看，全球的核電市場格局正發生深刻的改變，同時也給中國的核電加快走向世界、引領國際核工業不斷發展提供了歷史性機遇。從傳統核電出口強國，如美、日、德、法、俄五個國家的狀況來分析，美國和法國的國內市場較小，不足以支撐本國核工業持續創新發展，況且企業的業績正呈現不斷下滑的趨勢；德國和日本因本國的核能政策未能放開，其國內的核工業一蹶不振；僅俄羅斯的核工業企業的發展勢頭較為強勁。目前而言，俄羅斯的經濟下滑，外交影響力有下降的趨勢，其本國裝備製造業水準相對落後，核電「走出去」也受到影響。隨著中國的經濟實力不斷增強，

外交影響力不斷上升，工業產業的配套能力增強，中國國內核電正處於產業規模化不斷向前發展的黃金時期，處於技術創新的加速期，這正是中國核工業走向世界的大好機遇。抓住機遇，中國有望成為世界核強國，甚至可以引領世界核工業的未來發展。

二、核技術應用產業發展現狀

核技術應用的另一大領域是非動力核技術應用（簡稱「核技術」）。按照《核能經濟學》（任德曦、肖東生，2013）中的劃分，核能產業包括十大體系，即核科技、核資源、核燃料、反應堆、核電站與推進動力、核武器、放射性同位素與輻射技術、核裝備製造、核安全、核環保與輻射防護及核能經濟與管理體系。除了核武器、核能經濟與管理體系，非動力核技術的應用幾乎涵蓋了國民經濟的各個領域，特別是放射性同位素應用，在醫學、工業、農學、核測試分析中的應用尤為引人注目（圖9-1）。

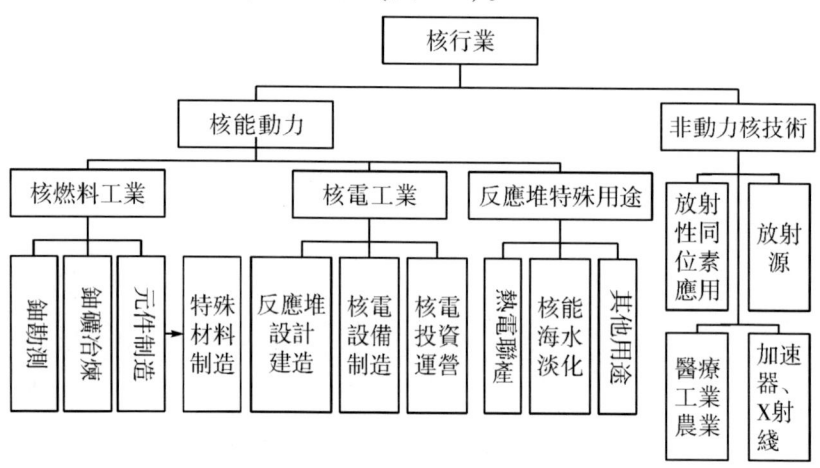

圖9-1 中國核能與核技術應用體系框架圖

核技術按產業上下游進行分類，包括上游環節的放射性同位素生產制備，下游環節的核醫學、輻照加工及技術服務、核農學，以及服務於應用市場的放射源、加速器製造、同位素制備、輻照裝置製造等輔助行業。

在發達國家核技術應用行業和市場發展成熟，市場規模巨大。2013年，美國的核技術應用產業年產值就已經超過了6,000億美元，全球產業規模接近萬億美元。而據不完全統計，2018年中國的核技術應用產業規模已經達到3,000多億元人民幣（《2018年中國民用核技術產業發展主旨報告》）。伴隨中國經濟快速發展，人民生活水準不斷提高，中國核技術應用產業的加速發展得到了國家的密切關注，意味著核技術應用行業領域的發展前景十分廣闊，市場提升空間巨大。

2011年，中核集團開始實施集團化運作、專業化營運之後，其核技術應用產業被列入中國八大重點扶持發展的領域。在「十二五」期間，核技術應用產業就獲得了重大發展。2017年1月，通過重組之後，中廣核核技術利用旗下子公司獲得了部分相關企業的控股股權，從而加快了中國核技術行業的發展。就目前而言，在核技術產業的同位素及其製品領域方面，其在中國國內處於較為領先的地位。在核儀器設備和輻照加工的方面，也一直保持著核心技術的重要優勢。例如，放射性藥物、放射性同位素、放射源以及輻照裝置等方面，在中國國內市場所占比重已經超過了50%，並且在輻照加工和環保產品等方面也具有較大的產值規模。

三、核能與核技術產業集群發展的市場環境現狀

對中國核能與核技術產業最有利的條件，就是現在中國科技創新發展和產業結構升級調整的大環境。在這個背景下，產業發展具有巨大的發展空間。隨著國際核能應用的復甦，核產業將迎來又一個發展良機。

（一）核能

目前中國多種三代堆技術並存，分別被國核、中核和中廣核壟斷，其核心技術掌握在各集團公司的研究設計院，該壟斷格局很難打破。這使得核產業集群上下游基本上圍繞核「國家隊」龍頭企業建立，部分製造由配套企業承擔。

（1）政策環境

中國核電發展政策的變化是有目共睹的。在「十一五」規劃之前，主要是「適度發展」；到了「十一五」時期，就變成了「大力發展」「積極發展」的態勢；而現在的表述已成了「安全高效」「安全第一」。

2007年11月，國務院批准通過了《核電中長期發展規劃（2005—2020年）》，並且明確提出了核電發展的目標，即到2020年，核電運行裝機總容量達到4,000萬千瓦，核電年發電總量達到2,600億~2,800億千瓦時。

2010年12月，中電聯發布了《電力工業「十二五」規劃》，對原有規劃進行了重大調整，制定了「2015年在沿海地區的核電裝機需達到4,294萬千瓦，並且力爭在2015年開始投產首臺核電機組。

到 2020 年，其規劃核電裝機總規模需要達到 9,000 多萬千瓦，力爭達到 1 億千瓦」的電力發展目標。

福島核事故後，2011 年 3 月國務院頒布核「國四條」，暫停審批核電項目。2012 年 10 月，國務院通過了《核電中長期發展規劃（2011—2020 年）》和《核電安全規劃（2011—2020 年）》，明確提出核電發展三大基調：一是恢復正常建設，把握建設節奏，做到有序推進；二是科學合理佈局建設的重大項目；三是提高核電的准入門檻，新建核電機組須符合中國核電的三代安全標準。2012 年 10 月 24 日發布的《中國的能源政策（2012）》白皮書披露，核安全是中國核電發展的生命線，需要安全高效地發展核電，有效減少核安全事故的發生。

在全球氣候變暖和國際社會越來越重視核能利用的形勢下，中國也制定了一系列節能減排的環保政策，強調對清潔能源特別是核能的利用。2009 年 12 月，中國在哥本哈根氣候變化大會上宣布了在 2020 年中國單位國內生產總值二氧化碳排放要比 2005 年下降 40%～45% 的目標。2010 年 4 月，溫家寶在國家能源委員會上強調政府將在 2020 年實現非石化能源消費比重提高到 15% 的目標。2011 年 12 月，國務院印發《國家環境保護「十二五」規劃》，規定了「十二五」期間環境保護的主要指標。

（2）安全環境

中國政府正在大力構建核安全管理體系。目前，中國政府正在加大核安全投入，完善核安全法規標準體系，提升核安全管理水準，主要措施包括：

2009 年 9 月，國務院批准《中華人民共和國放射性物品運輸安

全管理條例》，加強對放射性物品運輸的管理；2011年1月，中美共同簽署了《關於建立核安全示範中心合作的諒解備忘錄》；2011年11月，中國成立了國家核安全技術中心，開始承擔關於示範中心的建設、運行以及管理的工作；2011年12月，國務院頒布《放射性廢物安全管理條例》；2012年10月，國務院通過了《核安全與放射性污染防治「十二五」規劃及2020年遠景目標》；2012年10月，國務院通過了《核電安全規劃（2011—2020年）》和《核電中長期發展規劃（2011—2020年）》，大力推動核電的發展。

（3）技術環境

中國正在大力推進核電技術自主化。近幾年，中國高度重視核電事業的發展，把「引進、消化、吸收、再創新」作為發展中國第三代核電技術的道路。2007年，國務院和中核集團、中電投、中廣核、中國技術進出口總公司四家大型國有企業共同出資組建了國家核電技術公司（以下簡稱「國核公司」）。該公司的主要任務是從事第三代核電技術的引進、消化、吸收、研發、轉讓、應用和推廣，並且在自主創新方面，加快形成具有中國自主品牌的核電技術，有效推動中國核電的大力發展。2007年7月，國核公司與美國西屋公司簽訂了AP1000技術引進項目合同，購買西屋公司4臺AP1000核電機組，同時美方向中國轉讓其設計技術、設備製造和成套技術、建造技術等。通過三代核電技術的招標和AP1000技術轉讓的實施，中國創造的具有自主知識產權的第三代技術開始浮出水面，如國核公司研究開發的CAP1400技術以及中核的ACP1000技術和中廣核的ACPR1000技術。

明確核電發展技術路線。過去20年，中國對於核電發展技術路

線一直存在爭議，特別是在福島核事故發生後。伴隨《核電中長期發展規劃（2011—2020 年）》和《核電安全規劃（2011—2020 年）》的正式發布，中國明確了核電發展技術的目標與路線，在未來中國需要大力新建核電項目，並且須達到核電安全的第三代標準。

（4）原材料環境

鈾礦供需缺口大。多年以來，中國一直被定位為貧鈾國。國際原子能機構在 2010 年 7 月發布的《2009 鈾：資源、產量和需求》的大數據顯示：加拿大、澳大利亞以及哈薩克斯坦三個國家總共擁有全球 52% 的已探明可開發鈾礦資源；然而，中國的鈾礦儲量為 17.14 萬噸，僅占全球的 3%。中國國內鈾礦年產量只有 1,000 噸左右，2011 年卻消耗了 4,400 噸。如果按照 2020 年裝機目標為 6,000 萬千瓦計算，屆時中國每年需要的天然鈾將達到 10,000 噸。

首次發現世界級的鈾礦，這將打破目前中國在鈾礦領域的貧鈾局面。在中國內蒙古大營地區的鈾礦勘查工作，取得了十分重大的突破，中央勘查隊發現了國內目前最大規模的可地浸砂岩型鈾礦床資源。由於當前的重大發現，再加上該地區此前的發現，中國已累計掌握的鈾資源量有了空前的巨大的增加，甚至可以躋身世界級大鈾礦礦產資源的行列。此次巨型鈾礦的發現，不僅刷新了中國已有的鈾礦規模紀錄，同時為找鈾開創了新的思路，這對中國立足國內能源結構的不斷調整和優化，有效提高核電發展資源保障能力具有重大推動作用。

（二）核技術

儘管非動力核技術有廣闊的應用前景，但從總體使用效率來看，

仍處於相對較低的狀態，甚至有被忽視的可能，這在某種程度上影響了非動力核技術應用的發展前景。因此中國在非動力核技術應用的綜合考量和總體佈局上還需要進一步強化，並將該領域作為未來市場應用領域的一個關注重點。

（1）政策環境

核技術行業是《中國製造 2025》規劃實現產業轉型升級的核心產業，發展前景廣闊。

2016 年上半年，國家國防科工局印發了 2016 年專項行動計劃，加強核技術應用產業發展，重點在放射性同位素、醫用加速器、放療設備研發等領域加大科技攻關，推動一批項目立項。《「十三五」國家戰略新興產業發展規劃》也提出要發展非動力核技術。在政策的大力支持下，未來中國核技術應用的市場規模會進一步加大（表 9-1）。

表 9-1　核技術應用產業政策扶持力度大

時間	政策名稱	發布單位	主要內容
2016 年 12 月 19 日	《「十三五」國家戰略性新興產業發展規劃》	國家發改委	發展非動力核技術。支持發展離子、中子等新型射線源，研究開發高分辨率輻射探測器和多維動態成像裝置，發展精準治療設備、醫用放射性同位素、中子探傷、輻射改性等新技術和新產品，持續推動核技術在工業、農業、醫療健康、環境保護、資源勘探、公共安全等領域應用
2016 年 3 月 16 日	2016 年專項行動計劃	國防科工局	加強核技術應用產業發展，重點在放射性同位素生產，醫用加速器、放療設備研發等領域加大科技攻關，推動一批項目立項

表9-1(續)

時間	政策名稱	發布單位	主要內容
2016年3月8日	《中華人民共和國國民經濟和社會發展第十三個五年規劃綱要》	國務院	在空天海洋、信息網絡、生命科學、核技術等領域，培育一批戰略性產業；把核技術納入加強前瞻佈局的戰略性新興產業，並提出加快開發民用核分析及成像技術
2015年5月8日	《中國製造2025重點領域技術路線圖（2015年版）》	國家製造強國建設戰略諮詢委員會	提及特種工程塑料、高性能聚烯烴材料（發泡聚丙烯）高性能纖維及複合材料，3D打印材料（其他3D打印特種材料）、石墨烯材料等是新材料領域發展的重點
2015年4月16日	2015年專項行動計劃	國防科工局	制定核技術應用產業發展指導意見，推動核技術在工業、農業、醫療、衛生、環境等領域應用
2013年2月16日	《產業結構調整指導目錄》（2011年本，2013年修正）	國家發改委	將同位素、加速器及輻照應用技術開發列入「鼓勵類」。鼓勵乙烯-乙烯醇樹脂（EVOH）、聚偏氯乙烯等高性能阻隔樹脂，聚異丁烯（PI）、聚乙烯辛烯（POE）等特種聚烯烴的開發與生產；鼓勵合成橡膠化學改性技術開發與應用；鼓勵聚丙烯熱塑性彈性體（PTPE）、熱塑性聚酯彈性體（TPEE）等熱塑性彈性體材料開發與生產

表9-1(續)

時間	政策名稱	發布單位	主要內容
2012年1月4日	《新材料產業「十二五」發展規劃》	工信部	將先進高分子材料作為新材料產業發展重點，「擴大丁基橡膠（IIR）、丁腈橡膠（NBR）、乙丙橡膠（EPR）、異戊橡膠（IR）、聚氨酯橡膠、氟橡膠及相關彈性體等生產規模，加快開發丙烯酸酯橡膠及彈性體、鹵化丁基橡膠、氫化丁腈橡膠、耐寒氯丁橡膠和高端苯乙烯系彈性體、耐高低溫硅橡膠、耐低溫氟橡膠等品種」
2011年6月23日	《當前優先發展的高技術產業化重點領域指南（2011年度）》	國家發改委、科技部、工信部、商務部、知識產權局	明確了核技術應用屬於先進製造領域，當前應優先發展，而輻射加工行業屬於核技術應用範圍，「四、新材料 47.高分子材料及新型催化劑：新型工程塑料與塑料合金，新型特種工程塑料，阻燃改性塑料，通用塑料改性技術……交聯聚乙烯材料和電器用合成樹脂材料……乙丙橡膠、硅橡膠材料及改性技術……」
2010年10月18日	《關於加快培育和發展戰略性新興產業的決定》	國務院	將輻照加工行業列為戰略新興產業

數據來源：國家發改委等政府部門網站、國泰君安證券研究。

（2）監管環境

為了進一步確保放射源的使用安全，有效避免輻射對人體與環境造成傷害與破壞，國際原子能機構（International Atomic Energy Agency, IAEA）提出制定完善放射源安全使用準則。其中，《放射源安全和保安行為準則》最具代表性。中國在動態監督管理與安防的過程中積極向國際主流標準靠攏，承諾堅持履行該準則，同時也在

國內積極推進法規制定和體系構建工作。中國的實際安全運行取得了較好成績，得到了國際核技術組織的認可和讚許。國務院相繼出抬了《放射性同位素與射線裝置安全和防護條例》。該條例不僅涵蓋了 IAEA 準則的全部內容，同時基於綜合考慮，還創新管理機制，編製了核技術應用許可和放射源全壽命動態監管制度，細化和明確了相關各方承擔的具體職責，授權環保機構共同參與核技術應用安全監管工作。通過多年安全監管工作開展，環保機構不斷完善核技術應用安全監管體系，著力提高監管力度，取得了較好的成效。中國各級基層管理部門積極落實相關政策措施，通過統一收貯和銷毀廢棄放射源物質，有效縮小了事故發生的可能性，實現了社會穩定和環境保護，保障了中國核技術良性有序發展。

（3）市場的發展空間

目前，中國核技術應用還處於初級階段。除了輻射消毒滅菌和輻射改性高分子材料等領域應用較為成熟外，其他應用還未形成規模，總計年產值僅 1,000 億元左右，市場規模只占整個國家 GDP 的 0.3%，對標海外還有 10 倍的發展空間。

（4）市場需求

對照美、日、歐等發達國家和地區核技術應用產業的迅猛發展史，未來中國核技術發展的驅動力可能是：創新驅動發展和產業升級調整的大環境和政策催化；醫療、健康食品、環保、新材料等符合消費者要求的產品升級和需求增長；國內核技術研發的不斷發展；相關上市公司的資本整合。

其中醫學是核技術應用的重要領域之一，全世界生產的放射性核素中，約有 80% 在醫學使用。核技術廣泛應用於疾病的預防、診

斷和治療，並形成了現代醫學的一個重要分支——核醫學。根據市場研究機構的預測，2018年世界核醫學市場規模將達到600億美元，其中核素藥物的市場規模將達到130億美元，有望成為全球增速最快的醫藥細分領域之一。診斷放射性藥物市場呈指數型增長，預計到2024年將出現爆炸式增長。到2030年放射性藥物市場規模有望達到2,400億美元，其中核素藥物市場規模將達到850億美元。2013年中國核醫藥市場規模約為24億元，2016年市場規模約為40億元，預計到2020年市場規模將突破100億元。據預測中國核醫藥市場年複合增長率可達20%，是醫藥行業平均水準的2倍。中國的核素藥物市場飽和程度遠低於發達國家，無論是核素藥物的人均支出還是核醫藥設備的人均保有量都遠低於美國。中國每百萬人口PET/CT擁有量從2012年的0.1臺增加到2016年的0.7臺，增幅達到600%，但人均保有量也僅為美國的1/6。由此可見中國核醫藥市場還有巨大的成長空間。

（5）市場競爭情況

產業鏈中的各公司處於初創期，呈現寡頭壟斷局面。

中廣核核技術發展股份有限公司是中國核化工龍頭企業。中廣核核技術應用有限公司是由中國廣核集團全資控股的核技術開發應用、產業化經營企業，2011年於北京成立。公司旗下擁有中廣核久源、深圳中廣核沃爾輻照、中科海維、高新核材、俊爾新材和中廣核達勝等子公司。其中中科海維與中廣核達勝兩公司在國內加速器市場中占絕對主導地位，高新核材在國內高分子材料改性市場中也有重要地位。公司整體實力較強，產業佈局完整。2015年公司營收超過20億元人民幣，主要來自材料改性和加速器製造。

中國同輻股份有限公司是一家非動力核技術企業。中國同輻股份有限公司成立於 2011 年，是由中核集團直屬的同位素公司、原子能院下屬的原子高科公司、核動力院下屬的中核高通公司合併重組而成。公司是中核集團下屬八大產業板塊之一，其主業包括同位素製品、輻照加工等。公司具有產品體系全的特點，在堅持專業分工的基礎上，公司在核醫學、工業放射源、輻照加工、射線儀器等領域建立了完整的產品體系，擁有員工近 2,000 人。公司在核技術應用的幾個細分領域有著較強的市場地位。在國內市場，公司核醫藥產品市場份額達到 70%，放射源達到 50%，輻照加工服務也超過 5%。

東誠藥業是核藥龍頭企業。東誠藥業主要從事肝素鈉原料藥和硫酸軟骨素的研發、生產與銷售。「原料藥和制劑業務並重、內生式增長與外延性拓展共進，在制藥領域實現持續快速增長」是東誠藥業的發展戰略。近年來，公司嚴格執行董事會制定的發展戰略，目前已發展為一個橫跨生化原料藥、核醫藥和普通制劑（化藥和中藥）三個領域，並融藥品研發、生產和銷售於一體的醫藥企業集團。

四、中國核能及核技術產業深度發展趨勢

2010 年開始，國務院陸續通過了《核電安全規劃（2011—2020 年）》《核電中長期發展規劃（2011—2020 年）》《能源發展「十二五」規劃》。這些規劃的出抬說明中國政府對核能核技術持續抱有積極態度，並對今後一個時期的核能建設提出了明確要求，即穩妥恢復正常建設、科學佈局項目、提高准入門檻。

由於核能產業特別是核電產業對改善能源結構調整和促進社會

經濟發展具有重要的戰略作用，近年來部分區域積極發展核能產業。部分區域利用自身擁有的差異化優勢，如擁有礦石資源、技術研發能力、設備製造產業、人才培養體系等，把核能產業確立為本地區戰略性新興產業的一個重點領域。一些地區確定了發展核產業的戰略發展規劃，一些地區提出佈局建設核產業園區、推動核產業在條件成熟的地區實現集群發展的規劃佈局。

湖南省基於建設桃花江核電站工程，提出發展核電裝備產業，打造具有特色的核電裝備製造產業。也有個別地區提出了非動力核技術的應用規劃，如湖北一方面基於咸寧核電項目與央企合作發展核電產業，另一方面建設非動力核技術產業園，促進非動力核技術應用產業化。

廣東於 2009 年 5 月制定了《廣東省核產業鏈發展規劃》，提出爭取到 2020 年，全省核產業鏈年產值達到 2,000 億元，當年拉動相關產業增加產值約 4,000 億元；2009—2020 年累計產值約 15,000 億元，累計拉動相關產業增加產值超過 3 萬億元。

浙江在 2010 年 12 月出抬了《浙江省核電關聯產業發展規劃》，提出在 2015 年建成國內重要的核電服務基地和核電設備製造基地的目標，現已在海鹽建設了獨具特色的中國核電城。

目前有 12 個省市明確提出了發展核產業的戰略規劃。這些省份核產業情況不一，如廣東、浙江和江蘇等省的核電起步較早，而山東、遼寧、江西等省的核電還沒有成熟，尚在建設或僅在起步階段。一些省市本無核產業先天條件，但憑藉自身的獨特優勢，也形成了獨具特色的核產業形態。如上海依靠大量人才和技術以及製造優勢，已基本形成了包括核能科研、設計、建造、原材料等諸多環節的國

內相對完整的核電產業。

未來的核能及核技術產業可以應用於材料改性、核醫學、測量技術、農業與環境、公眾安全等各種不同的領域，對於加快核能與核技術產業深度發展具有十分重大的意義。中國正處於核能及核技術拓展初期，政策支持、核電與核技術應用發展的協同效應將帶來應用市場爆發。

第三節　核能與核技術應用產業發展面臨的機遇和挑戰

一、存在的問題和挑戰

中國核技術行業的整體發展態勢的集中度較為分散，與發達國家存在巨大差距。其原因是中國的市場競爭者多為中小型的民營企業，大型領軍企業少之又少。核能面臨著核電發展中長期規劃調整壓力、核燃料供給、核電資金緊缺、人才資源緊缺、科研能力提升緩慢和核安全監管等問題。非動力核技術一般又是資本和技術密集型產業，需要足夠的資本支持和技術推動，其應用多維度創新不足，技術向產業化發展需求不足，國家政策支持不夠。

國內方面，核工業在加快發展中面臨前所未有的挑戰。一是核安全環保責任重大，新的核工程大批上馬，對核安全提出了更高要求。二是行業競爭態勢逐步形成，競爭壓力增大。近幾年核工業體制機制發生很大變化，圍繞核電領域的國內外競爭越來越激烈。三是亟須創造更好的發展環境，爭取更多的發展資源。鼓勵創新的體制機制不活，需要大力變革。四是科技創新離核技術盡早邁進世界

先進水準的要求還有很大差距，必須奮起直追。五是轉變發展方式、調整產業結構的難度加大。①

國際方面，全球化的核產業為中國核產業提供了廣闊的發展空間，同時也面臨核心技術、人才、環境、政策等多方面的挑戰。

(1) 中國核技術及產業完整的核心競爭力還沒有構建

雖然經歷多年的累積，中國核產業成效顯著，然而在核電領域，依然沒有構建完整的核心競爭力，這就導致中國出口核電會遇到很多阻礙。近年來，我們通過引進吸收了一批先進的核工業技術，但是核心技術依然被外國核技術企業獨掌。中國核能企業希望走向世界，但自身還未掌握具有完整自主知識產權和國際市場競爭力的第三代核電技術。事實表明，中國核產業完整的核心競爭力還沒有構建，一廂情願的「走出去」就只是美好希望而已。

(2) 國家核產業輸出戰略缺位

從法國、俄羅斯等核大國的核產業輸出情況分析，本國政府都為自己的產業輸出提供了巨大支持。目前，中核集團、中廣核集團等單位正在努力研發具有自主知識產權的核電系統產品，並嘗試向國際推廣。但是，中國還缺乏清晰、系統的核產業出口戰略。因為國家核產業輸出戰略缺失，中國核技術企業在參與國際競爭時，就可能出現各自為政、力量分散、目標不統一的狀況，不利於形成全面的集成優勢，不能同競爭對手拉開差距。

(3) 國際競爭經驗不足，複合型人才較少

核產業輸出強國的全球化業務已經開展幾十年，它們在大量國

---

① 龔友國. 中國核工業面臨著前所未有的機遇與挑戰［N］. 中國企業報，2010-06-18 (009).

家有很多成功的案例，覆蓋核技術應用的大部分領域，累積了大量寶貴經驗。而中國核產業國際化輸出才剛剛開始，經驗還不豐富。此外，目前中國核產業相關企業普遍缺少掌握國際核市場環境、精通市場規則、熟悉法律的複合型人才，在國際競爭中對機會不能很好地把握，也不能有效地維護中國企業的權益，這影響了中國核產業相關企業進軍國際市場。

（4）世界核技術應用市場競爭激烈

世界上核技術應用強國的國內核技術應用大型工程級項目基本上由本國核技術企業壟斷。國際上開展核技術應用項目招標的多為中小國家，而且數量有限。在這些國際招標項目中，各核技術強國都積極參與，充分競爭，不僅從技術上而且從金融貸款上全面提出非常誘人的條件以爭取將項目攬入懷中。同時，核能企業還組成聯盟競爭項目，以提高競爭力，增大獲勝的概率。

二、面臨的機遇

國內方面，當前中國核技術應用領域面臨五大機遇。一是國家核電發展規劃進一步調整，到 2020 年投運和在建規模有很大增量。二是國家明確核燃料供應立足國內，繼續實行核燃料專營政策，天然鈾、鈾純化轉化、鈾濃縮、元件加工產能需求很大，為核燃料產業提升能力和水準創造了條件。三是世界範圍的核能復甦，為核工業實施「走出去」戰略帶來重大機遇。四是國家加快推進自主創新和實施科技重大專項工程，制定了許多支持自主創新的政策和措施，為發揮優勢、提升創新能力提供了重要支持。五是適應新形勢與新

要求，亟須增強中國核工業基礎能力。①

國際方面，核技術的全球化應用為中國核技術發展帶來以下幾方面的機遇：

一是可以通過引進外國先進技術加快中國核技術發展。中國已經從法國、美國、俄羅斯等國引進核電技術，並依靠這些引進的技術建成或正在建設多種核電機組。比如，利用俄羅斯提供的濃縮設備建設了鈾濃縮廠，利用引進的法國、俄羅斯等國的製造技術建設了一批核燃料生產線。從國外引進的設備和技術極大地推動了中國核技術產業發展。

二是能加快中國自主核電技術的發展。中國自主核電技術的發展受益於引進的核電技術。中國在幾十年累積的經驗基礎上，借鑑和吸收法國、美國等國家的核電技術，正在開發 ACP1000、ACPR1000 等一系列具有自主知識產權的第三代和第四代核電技術，多項成果取得重大突破。

三是有利於保障國內核能原材料供給。為確保中國與日俱增的核燃料需求得到滿足，除了有計劃地利用好本國核能資源，我們還可以從國際市場上進行採購，同時到鈾資源儲備豐富的國家或者地區去開發海外鈾資源。中國已經在世界上大多數的富鈾國家進行業務佈局，為中國境外鈾開發貿易提供了條件。

四是中國核能與核技術產業相關單位已面向全球市場開展業務。中國的一些核工業企業經過多年的累積和成長，已經可以應對國際市場的機遇和挑戰。已有多家企業在境外鈾資源方面成功開展大量

---

① 孫勤. 改革創新求真務實努力實現核工業又好又快安全發展——在中國核工業集團公司 2010 年度工作會議上的報告 [J]. 中國核工業，2012 (1).

業務。在將來時機成熟時，中國將繼續開拓鈾提煉、濃縮、轉化、製造等業務，充分融入國際核市場，促進中國核應用市場發展。

第四節　中國核能及核技術產業創新發展的對策

目前，中國核能與核技術產業（以下簡稱「核產業」）的發展仍存在部分問題。由於國家層面的規劃較為宏觀，沒有為各地方政府指明各自的發展方向。地方政府在制定本地區的核能產業發展規劃時，雖是立足中國的核能政策和本地區優勢，但對國家核產業發展的全局特徵和發展趨勢以及自身的優劣勢掌握不足，對世界核產業的技術進步狀況及其影響核產業發展的作用等缺乏深入瞭解，導致制定出的產業發展規劃存在著產業配套目標不明確、佈局分散、專業化分工程度低、協作前景不明朗、扎堆核設備製造領域等一系列問題，難以實現核能資源的優化配置和追求公平競爭與形成最大合力相統一的目標。因此，提出部分建議以供參考。

一、編製從國家到地方具有系統性和完整性的戰略發展規劃，形成競爭合作並存的產業佈局

核產業同其他產業不同之處，在於核產業同國家戰略安全緊密聯繫，其產業涉及國家安全、核技術、原材料等多方面重大、敏感領域。因此國家核產業發展戰略規劃必須從國家視角出發，符合國家利益、保證國家安全、服從國家意志，同時還要遵循產業經濟發展的客觀規律，促進同地方經濟的協同發展，避免市場自由競爭帶

來的國家利益受損、產能過剩、資源浪費等問題。地方核產業發展規劃必須服從、落實國家規劃，同時掌握本地區的產業詳細情況和其他地區、國內外核產業情況，開展科學細緻的論證工作，發揮本地區的比較優勢。國家規劃管理部門在審查論證地方核產業發展規劃時，要重點查看其規劃內容同國家規劃和其他區域規劃之間的匹配程度，要使各地區核產業的發展目標、發展重點、發展路徑、政策支持等方面不僅符合國家總體規劃的原則和要求，而且要實現與其他地區的產業規劃和發展措施形成一定程度的協調和互補，實現在全國核產業鏈分工上的差異發展和功能互補、優劣互補，保證自身和國家的核產業整體發展有序，增強核產業發展的活力。

二、加強政、產、學、研、用聯盟，促進科技創新發展

核產業是高學科門檻、高技術水準產業，其需要通過不斷的技術進步推動產業發展。需要在政府的管理和引導下，綜合發揮產、學、研、用相關單位的聯合作用和協同優勢。通過政府鼓勵支持，加快構建產、學、研、用聯盟，建立以骨幹企業為支柱的協同創新網絡，完善多方協同創新機制，形成協同創新的合力，在核技術領域取得原創性、顛覆性和關鍵性突破。科技創新，人才是最關鍵的因素。研究部門要發揮人才資源富集的優勢，高校要增加核科學技術的學科專業，培養一批頂尖的科技人才隊伍，奠定推動產業發展的堅實技術基礎，發揮戰略性新興產業對社會經濟發展的積極推動作用。

三、善於挖掘各類資源，積極發展國內外市場

從全球能源現狀、國際環境保護組織工作的開展情況以及一些發達國家對核能產業的積極態度可以看出，國際能源需求一直存在巨大缺口，核產業實際上存在巨大的市場需求。而國內的一些區域核產業發展規劃重點放在了國內的市場，忽視了國際市場這塊大蛋糕。在引進吸收國際先進核電技術的同時，應全力突破第三代、第四代設備的自主化率，形成中國具有自主知識產權的核電產品國家名片，具備在國際核電市場上與其他核技術強國分庭抗禮的綜合實力。要在規劃開發國內項目的同時，進一步鞏固與中國開展了核技術應用合作的友好國家的互惠關係，同時大力發展在核原料採集、核廢物處置和核安全等方面的國外合作項目，廣泛挖掘和利用一切可以利用的資源，通過對國內外市場的深耕，促進自己的核產業發展。

四、優化產業中國企的構成，凝聚強大的國家力量

在中國核產業中，國企是絕對的主力軍，也是代表國家參與國際市場競爭的絕對力量。國企的能力體現了國家核技術水準和核產業規模水準。要在國際市場上站穩腳跟，提升國家核技術綜合能力和水準，必須擴大國企規模，增強國企實力。代表中國核產業能力和水準的「國家隊」成員，如中國核工業集團、中國廣東核電集團、中國核電技術公司等大型國有企業，應當不斷擴大企業規模，發揮大型集團的技術研發和市場開拓作用。國家發改委、國資委等部門應該在協調、管理國有企業的過程中，通過統一的行政管理，在各

國企內部促進形成合理的分工合作機制，在國企集團間建立企業分工協作的合作關係和協調發展的組織架構，打造一支完整統一協調高效的國家核產業企業集團軍。各企業集團同時還要重視核關聯產業的發展，要兼顧發展非動力核技術應用產業。通過發展非動力核技術來促進相關傳統產業的協同發展，實現國家範圍的核產業與其他產業之間技術關聯和價值擴散。

五、完善行政管理手段，營造核產業生態環境

國家和各級地方政府要進一步理清行政管理中不適應當前核產業發展的老舊政策，仔細研究論證，及時出抬圍繞培育核產業所需生態環境的各類政策規定。要充分調動民營企業進入核產業的積極性，適度調整行業准入門檻，合理制定財稅和融資等金融政策，大力引導科研教育的資源配置，為核產業發展提供良好的政策和生存發展環境。政府要不斷改革和創新行政管理手段和金融資本的支持政策，重視金融資本對產業的巨大影響和推動作用。要充分利用財政資金的槓桿作用，吸引社會資金投入，鼓勵金融機構開發針對核產業的金融服務產品，形成多元化的金融投資體系，促進核科學技術更快發展。政府還要把握好產業發展和科學技術進步的節奏，與時俱進，在產業涉及的技術創新、課題設置、項目支持、專業設置、人才培養等方面提供有效支持，保證核產業發展與核科學技術進步、核技術人才和管理人才培養的協同推進。[1]

---

[1] 陳潤羊. 中國核產業發展的態勢和對策 [J]. 工業技術經濟，2013 (2)：104-111.

第十章 兵器產業集群發展研究

兵器工業是國防科技工業發展和武器裝備建設的戰略基礎，是國家國防安全和經濟發展的戰略保障。要始終堅持以習近平強軍思想和科學發展觀為引領，全面貫徹軍民融合發展戰略，在完成好軍品科研生產和高新工程建設任務的同時，積極服務於國家經濟建設，忠實履行服務國家安全和經濟發展兩大基本使命，積極推進兵器工業軍民融合產業集群發展，推動兵器工業企業持續健康快速發展。

第一節 兵器工業的演進發展

一、兵器工業概況

兵器工業是指研究、發展和生產常規兵器的工業。武器是在階級對抗的社會條件下產生，伴隨著戰爭形態的演變和社會生產力的提高而發展起來的。兵器工業是國防工業中最早出現的一個門類，是戰爭的產物。一個比較完善的兵器工業體系是綜合國力的體現，也是國家國防實力的重要標誌。

兵器工業是在一定生產力的基礎上發展起來的，經歷了從冷兵器到熱兵器的發展歷程。第一次世界大戰結束之後，火炸藥製造、

槍炮製造、彈藥製造和坦克製造等從國民經濟中分離出來成為新興而又重要的獨立部門，逐步發展成為現代兵器工業。第二次世界大戰之後，不論是兵器產品的性能、品種和質量，還是兵器工業的管理水準和科學技術都得到大幅度的提高。

18世紀後期，在以蒸汽機為主要標誌的產業革命推動下，歐、美都相繼出現了專門生產槍炮的近代兵工廠，逐步形成軍火生產的壟斷組織。第一次世界大戰期間各主要參戰國的軍事工業產值占工業總產值的15%～25%，第二次世界大戰時上升到35%～60%。戰後，超級大國為稱霸世界，軍備競賽越演越烈，武器生產有增無減。他們在擴充軍事實力的同時，還以武器這種特殊商品作為國際貿易的競爭手段，賺取了大量超額利潤。

兵器工業涉及的門類眾多，僅槍械類兵器產品就有數十種，此外還有其他各類坦克、裝甲車、軍用導彈、火炮、炸藥等相關產品。隨著現代軍事技術發展，各國國防部對新型兵器裝備的研發也在逐漸加強，將許多現代新技術加入了傳統的兵器生產中。從涉及的行業來看，兵器工業涵蓋了冶金、化工、電子信息、裝備製造、精密儀器等行業。中國的兵器工業建設服從於國家獨立自主的基本國策，中國有節制地生產武器裝備，不參與軍備競爭。中國的兵器工業在和平時期努力發展民用產品，運用兵工科學技術，大力開發民用產品，開始向軍民結合型的生產體系轉變。中國兵器工業的主要企業有中國兵器工業集團公司（中國北方工業集團公司）和中國兵器裝備集團公司（中國南方工業集團公司）。

中國兵器工業集團公司（中國北方工業集團公司）是中央直管的特大型國有企業，下轄子公司及直管單位46家，旗下有上市公司12家。

該公司主要為國家國防生產和研發各類武器裝備,是中國兵器技術研發和生產的主力(表10-1)。2017年,中國兵器工業集團主營業務收入4,326億元,實現利潤總額151.2億元,在世界500強排名第135名。

表 10-1　中國兵器工業集團公司的成員單位

子公司	中國北方化學工業集團有限公司、北方通用動力集團有限公司、中國兵工物資集團有限公司、北方智能微機電集團有限公司、北方材料科學與工程研究院有限公司、北方光電集團有限公司、北方特種能源集團有限公司、北方信息控制研究院集團有限公司、北方夜視科技集團有限公司、北方導航控制技術股份有限公司、北方激光研究院有限公司、北方通用電子集團有限公司、哈爾濱第一機械集團有限公司、內蒙古第一機械集團有限公司、內蒙古北方重工業集團有限公司、北京北方車輛集團有限公司、江麓機電集團有限公司、北方凌雲工業集團有限公司、重慶鐵馬工業集團有限公司、武漢重型機床集團有限公司、晉西工業集團有限責任公司、湖北江山重工有限責任公司、豫西工業集團有限公司、淮海工業集團有限公司、西北工業集團有限公司、東北工業集團有限公司、遼沈工業集團有限公司、北方華安工業集團有限公司、山東特種工業集團有限公司、北方華錦化學工業集團有限公司、江南工業集團有限公司、中國五洲工程設計集團有限公司、北方置業集團有限公司、北方工程設計研究院有限公司、北京北方節能環保有限公司
直管單位	中國兵器科學研究院、兵工財務有限責任公司、中國北方工業公司、中國兵器工業規劃研究院、中國兵器工業試驗測試研究院、中國兵器工業信息中心、兵器人才學院、北方發展投資有限公司、中國兵工學會、中兵北鬥產業投資有限公司、中兵投資管理有限責任公司

中國兵器裝備集團公司(中國南方工業集團公司),是國防科技工業的核心骨幹力量,是國防建設和國民經濟建設的戰略性企業。公司在國防裝備的生產研製上為中國軍事武器發展做出了突出的貢獻。中國兵器裝備集團公司現有60多家企業和研發機構,下轄上市公司11家。

公司業務涵蓋特種車輛、裝備製造、新能源等領域。在軍工產品領域,為國內武裝力量提供輕武器、特種車輛等。在民品領域,依託

軍工科研生產的優勢，在民用乘用車和輸變電裝備等領域軍民深度融合發展，培育了「長安汽車」「天威變壓器」等一批知名品牌。同時在機械裝備製造、光電產品、醫藥化工等民用領域也擁有多個頭部企業，是國防科工企業中民品規模大、市場化程度高、經濟效益好的軍民結合型軍工集團（表10-2）。2017年，集團公司實現營業收入3,010.17億元，利潤總額達210.36億元。其中，工業企業實現營業收入2,948.92億元，利潤總額達183.01億元。盈利能力在軍工集團保持首位，連續多年躋身世界500強，連續多年榮獲中央企業負責人經營業績考核A級。

表10-2 中國兵器裝備集團公司的成員單位

工業企業	重慶南方摩托車有限公司、中國長安汽車集團股份有限公司、四川華慶機械有限責任公司、成都晉林工業製造有限公司、華中藥業股份有限公司、江西長江化工有限責任公司、中原特鋼股份有限公司、武漢濱湖電子有限責任公司、貴州高峰石油機械股份有限公司、重慶長江電工工業有限責任公司、重慶長風機器有限責任公司、重慶建設工業（集團）有限責任公司、重慶嘉陵特種裝備有限公司、湖南華南光電（集團）有限責任公司、湖北華強科技有限責任公司、雲南西儀工業股份有限公司、北京北機機電工業有限責任公司、四川華川工業有限公司、成都光明光電股份有限公司、成都陵川特種工業有限責任公司、黑龍江北方工具有限公司、西安昆侖工業（集團）有限責任公司、河南中光學集團有限公司、重慶大江工業有限責任公司、重慶望江工業有限公司、重慶長安工業（集團）有限責任公司、重慶虎溪電機工業有限責任公司、重慶紅宇精密工業有限責任公司、湖南雲箭集團有限公司、武漢長江光電有限公司、湖北華中光電科技有限公司
科研院所	上海電控研究所、中國兵器裝備研究院、西南自動化研究所、西南技術工程研究所、摩托車檢測技術研究所、兵器裝備研究所
其他成員單位	西南兵器工業公司、南方工業資產管理有限責任公司、兵器裝備集團財務有限責任公司、南方工業科技貿易有限公司、中國北方工業公司、杭州培訓基地、南方兵器裝備產業有限責任公司

二、兵器工業產業的特殊性

兵器工業是一個特殊行業,與民用工業相比具有下列特殊性:

(1) 兵器工業生產的目的是既要滿足戰時的戰爭需求,又要滿足平時部隊訓練和儲備以及軍品外貿的需要。它除了受經濟規律制約外,還受戰爭規律的制約。

(2) 兵器工業的許多兵器產品軍轉民難度大,軍民兼容性差,並且兵器工業的生產會隨著戰爭的發生與停止而時起時落,甚至大起大落。

(3) 兵器工業必須以國防效益為中心,服從國家戰略需要,其佈局通常建立在後方隱蔽的地區,分佈在各個戰略區。

鑒於兵器工業的上述特殊性,各國政府都採取了相應的特殊政策,以保護兵器工業的發展。

三、中國兵器工業民用產品的產業結構

中國兵器工業民用產品大部分集中在重型車輛及零部件、精細化工和石油天然氣化工、黑色和有色金屬加工製造、民用爆炸物、工程裝備機械、光電信息及戰略性新興產業等領域。

目前,兵器工業涉及民品生產的重點企業有82家,其中機械裝備製造領域64家、特種化工領域12家、光電信息及儀器領域6家。地域分佈集中在華北和東北地區,其中河北、河南、山西、遼寧、黑龍江等省份產業集中度較高。這些地區具有一定的原材料和能源優勢,重裝工業較發達,但市場化程度相對較低,總體經濟發展

滞後。

　　在軍民融合領域，兵器工業集團將業務集中在油氣與精細化工、工程機械及零部件、戰略資源開發3個千億級產業，光電信息戰略性新興產業、汽車及零部件、特鋼產品等十幾個百億級軍民融合產業發展板塊。同時對技術能力薄弱、創新能力落後的產品和子公司進行了徹底的清理，精簡機構，重新配置資源，以滿足國家發展戰略的需要。在戰略規劃各業務板塊結構中，其業務也隨著技術和需求的變化開始了一定的轉變，未來將提高石油和化工方面機械加工的比重，減少傳統的零部件生產和傳統原始的工程機械加工板塊。

　　黑色和有色金屬加工產業進一步鞏固優勢產品的市場地位，充分發揮兵器集團海外銅礦產的資源優勢，做精做強銅材加工業。其重點是與電纜帶、銅板帶等相關的高精度技術產品，發電和動力裝備的冷凝管、制冷設備用銅管、海水淡化設備銅管、導電銅排、銅合金冷凝管等銅管材和棒型材產品等新產品。

　　石化/精細化工產業以打造國內領先、國際一流的石化/精細化工產業園為目標，構建丙烯、乙烯、碳四、碳五、重芳烴和芳烴以及合成氨下游系列產品產業鏈。

　　民爆產業以成為國內民用爆破器材的行業領袖為目標，以市場需求為導向，不斷釋放產能，改變過去結構性過剩的狀況，實現民爆產品生產結構的不斷優化、技術的不斷升級，實現民爆產業的低污染、低成本，同時保障產品的高質量和高安全性。

　　在光電信息等戰略性新興產業發展方面，加強關鍵核心技術的研發與升級，不斷拓寬技術產品應用領域，在顯示器、光源設備、現代工業加工設備等方面加強技術研究。其中LED產業充分發揮微

光與紅外夜視領域的技術優勢，不斷開拓國際市場，並從現有的芯片、封裝向產業上游延伸；立足於具有自主開發的小尺寸 OLED 產品，在市場拓展過程中尋求中大尺寸 OLED 產品的發展機會；進入大功率光纖激光器和工業激光加工設備領域，不斷延長激光應用產業鏈；進入 5G 通信中的功率器件領域，重點發展以 WiMAX 等產品為代表的新一代通信產品。

第二節　中國兵器工業產業集群發展的市場現狀及問題

一、兵器工業產業發展市場現狀

（1）工程機械行業是軍民融合發展的重點領域。近年來國內市場上的工程機械企業更傾向於採用兼併重組的方式，實現資源的重新配置，提升產業集中程度，實現工程機械行業的現代化發展，為市場提供高標準、高質量的產品。「十二五」期間，國內市場上工程機械的有效需求有了明顯增長，中國兵器工業領域企業的國際工程累計簽約額達到 32 億美元，有力地推動了北車、華電、中信重工等企業裝備出口，累計出口值達 14 億美元。

（2）鐵路裝備製造領域的產品與武器裝備生產在基礎領域有較高的技術關聯性。隨著國家在軌道交通上的投資不斷加大、工程建設的不斷增多，市場需求持續上升，這帶動了現代軌道交通產業的快速發展，同時也面臨著傳統軌道技術產品產能過剩、產品結構不合理的問題。預計到「十三五」規劃結束時，國內高速鐵路總里程將達到 3 萬千米，同時動車、地鐵、輕軌等現代交通里程成倍增長，

成為城市出行的主要工具。2020年左右，中國鐵路貨車保有量將達到102萬輛。鐵路總公司平均每年給鐵路裝備製造領域提供6萬輛的有效訂單，而鐵路配套部件產品市場及整車市場需求更加趨於穩定。

(3) 黑色金屬加工製造業領域面臨著轉型升級的巨大壓力。隨著去產能和供給側改革的深入推進，國內對該類產品的需求也趨於穩定，行業內各企業發展困難的局面得到了一定的緩解，行業效益也在逐漸提高。

在有色金屬領域，中國是有色金屬最大的消費市場，原料資源也相當豐富，但過去的管理問題導致中國的有色金屬市場混亂。隨著近年來改革深化，市場亂象得到一定的整頓，資源也得到一定的保護。隨著現代電子信息技術的發展，電纜、銅管、銅板帶等設備面臨巨大的市場需求，給有色金屬工業的發展帶來巨大的機遇。

(4) 民爆行業是中國工業體系中的基礎性產業，為中國的國民經濟建設提供不斷向前發展的動力。近年來，在中國的基礎性設施建設規模不斷擴大的拉動下，民爆行業的產能不斷釋放，迅猛發展。據《民用爆炸物品行業「十二五」發展規劃》，2010年生產企業實現銷售總值278.3億元，從2006年至2010年，銷售總值實現了14.8%的複合增長率；其中，受國家4萬億元投資計劃的拉動，2009年較2008年增長24.1%，2010年較2009年增長23.7%。「十二五」以來生產企業銷售總值增速放緩，根據《中國爆破器材行業工作簡報》，儘管2011年下游需求市場延續了旺盛的局面，生產企業銷售總值達322.1億元，較2010年增長16.8%，然而，在2012年以來，伴隨著4萬億元投資計劃的完成，中國GDP的增速開始放緩，中國

民爆行業的發展開始進入穩定發展期。在2014年，中國的發展受世界總體經濟環境的影響，民爆生產企業生產總值與銷售總值自「十一五」計劃以來首次出現負增長，生產總值較2013年下降2.69%，銷售總值較2013年下降3.47%，2014年民爆銷售企業民爆產品銷售總額較2013年下降9.89%。2015年上半年，受宏觀經濟環境的影響，民爆行業的主要相關指標持續出現負增長狀態。

（5）目前世界光電子產業市場的規模不斷擴大，連續保持增長的態勢。中國也頒布了大量政策促進國內光電子產業的發展。隨著大數據、雲計算、5G技術的發展以及現代通信網絡的持續推進建設，光電子產業的市場規模將會繼續擴大。在2017年光電子行業的市場規模達到了8,028億美元，行業複合增長率達到10.8%，預計「十三五」規劃後將會達到萬億美元的規模。

（6）戰略性新興產業涵蓋新能源、新材料、信息通信、新醫藥、生物技術、環保技術、電動汽車等領域，是中國經濟持續增長的下一個支柱產業，是中國經濟轉型發展期的發展重點。其將在交通運輸、環境資源、民生產業、國防領域、智能製造、綠色製造等方面發揮重要的作用。「十三五」規劃已將其列為全國重點發展產業，其也被確定為全國各省發展規劃的重點方向。

二、兵器工業產業集群發展存在的問題分析

（1）產品分散，規模優勢不明顯，競爭力不強

市場上民用產品競爭力弱，產品特色不明顯，占據的市場份額極少。同時兵器工業門類眾多，生產複雜，技術要求高，民營企業涉足較少，無法形成自己的核心優勢。即使國家加快「軍轉民」和

「民參軍」的步伐，其產業集群的優勢和經濟效益也並未得到有效發揮，導致整體競爭力不強。在軍民兩用技術的開發中，高端軍用技術雖有技術優勢，但高昂的成本導致其轉化困難，導致其並未有效地向民用技術轉變；而轉變相對簡單的技術使得各民營企業競相參與，導致市場上產品趨同，因此使得兵器工業產業集群的整體競爭力不強。此外，國家主導兵器生產的大公司生產經營範圍極其廣泛，圍繞其形成的產業集群中的企業類型眾多，產業發展較難形成柔性的生產綜合體。

(2) 產品技術地位有待提高

民用技術相對於軍用技術存在一定的差距，加上技術難度大，民營企業的創新能力也存在一定的不足，很難在兩用技術的研究與開發中起到重要作用。同時由於民營企業中技術、資金、人才等資源遠遠不能與軍工企業相比，創新型企業少，使其在產業發展中缺乏內在科研實力。與軍品科技相比，民品科技無論在科研條件還是科研經費投入上都處於劣勢。同時軍工集團的生產研發也主要針對國家需求，很少與市場需求對接，導致使用軍用技術的市場開發較為困難。軍民用品技術資源沒有做到充分共享，系統集成技術和核心技術創新動能不足，成果轉化時間長，轉化難度大，優勢無法發揮，技術轉化計劃永遠停留在宏觀層面，這嚴重阻礙了相關產業的發展。日本相關企業用 1 元錢引進新技術，就要用 7 元錢對技術進行消化吸收，並進行再創新。國內企業由於對技術引進吸收和再創新的重視力度不夠，每年在引進新技術上投資巨大，而實際消化吸收技術的費用卻很低。

(3) 資本市場融資力度不大

一是中國資本市場本來存在較多的缺陷，缺乏完善的融資機制，尤其是在軍民兩用技術的轉化和創新發展過程中，缺乏創新資金，使得創新動力不足。二是中國兵器集團公司主要為國防服務，民品在其生產經營中所占的比例較小，在對民品的開發和技術的轉化上缺乏積極性，因此無法與金融機構形成良性的市場互動，導致金融機構不願投資。大量軍工企業雖然是上市公司，但受到其市值和資本供需矛盾的影響，融資難度極大。三是融資手段不足，僅依靠政府投資、銀行貸款所帶來的資金不足以支撐技術轉化發展。

(4) 市場化機制改革有待加強

由於長期受到軍品管理體制和現行模式的影響，固化的機制使得軍工企業未能有效加入市場化競爭，在突然轉向民品開發時，難免會出現不適應的情況。在脫離了市場競爭的情況下，軍工企業本身的經營管理機制就與現代型企業有一定的脫節，需要一定的改革和調整過程以適應市場競爭。雖然一些集團的子公司有一定的市場化程度，但其生產經營和決策都受到集團的干預和影響，導致其自主性低，積極性也低，無法及時地應對錯綜複雜的市場變化。另外，研發也與市場脫節，由於軍工的訂單多來自政府和國防需求，與市場需求接觸較少，導致其轉化困難或者說應用困難。

第三節　國際兵器工業產業集群發展概況

一、全球形勢

隨著世界格局的不斷變化和發展，當今國際形勢愈發嚴峻。眾

多西方國家妄想對中國採取「和平演變」，尤其在美國的引導下，力度逐漸加強，手段也層出不窮。政治方面，嘗試了軍事威脅和經濟封鎖等強硬措施之後仍不罷休；經濟方面，利用多種惡劣的金融手段進行不正當操作，對各方面的經濟資源進行控制或惡意調動，致使多個新興國家發生金融危機；文化方面，利用其網絡系統和資源的優勢，試圖轉戰文化意識層面進行更深入的攻擊。

隨著時代的變化，以美國為首的眾多西方國家，以利己主義為核心，打破了世界格局的平衡狀態，當美元與盧布的匯率變為 1：63，石油期貨價格變為 63 美元時，西方國家期盼已久的時代提前到來，美國政商結合完美得超乎想像。但儘管如此，美國仍然繼續對中國處處施壓，絲毫沒有鬆懈，甚至更為過之。

2014 年，美國時任總統奧巴馬在國情咨文中多次提及中國，並重點提出地區經濟規則，中國不能掌握其制定權。2017 年，新上任的總統特朗普提出了比前總統更為激進的措施，不僅直接從軍事方面要求美國核武器加快發展和更新換代，以便更加順利地在日、韓部署針對中國等亞太國家的「薩德」反導系統，而且試圖用一個中國原則作為交易條件，進而破壞現有的亞太戰略平衡格局。

在美國的積極推動與鼓吹下，美、日、韓、澳日益發展為北約在亞洲的縮影，並且制訂全方位包圍中國的戰略計劃，企圖拉攏說服中國周邊國家。如印度、越南、蒙古、菲律賓等加入共同制約中國發展的隊伍，部分國家在其挑唆誘導下，就相關政治問題或領土問題不斷對中國進行挑釁，用南海、臺海及東海等主權問題挑戰中國的底線和防禦能力。美國在政治軍事以及經濟文化全方位的霸權姿態無疑是向世界展示美國不再繼續信仰服務全球的理想主義全球

化，而是走上利用他國的犧牲從而服務自身的利己主義全球化的道路。

在南海上空的「拉森」號導彈驅逐艦示威的汽笛聲和 B-52、B-2 戰略轟炸機威懾的轟鳴聲還未散去，「卡爾・文森」號航空母艦和 B-1B 戰略轟炸機 2017 年又開始了在南海的航行。從政治和軍事層面來說，最嚴重的挑釁行為是 2017 年 7 月 2 日，美海軍導彈驅逐艦多次非法擅自進入中國西沙群島領海，中美兩軍關係發展的政治氛圍被嚴重破壞，地區和平穩定被嚴重破壞。中國從來沒有像今天這樣，離一場集陸、海、空、天、電、網「六位一體、攻防兼備」的立體式、高強度、大規模的現代化戰爭，一場面向兩個戰場、面對強敵的戰爭如此近。捍衛國家主權和維護國家利益的任務迫在眉睫，除了加快推進產業集群發展、研究鑄造能打勝仗的武器裝備，我們別無選擇。

二、世界常規兵器工業的發展現狀與趨勢

軍事工業中最早出現和形成的行業是常規兵器工業，常規兵器工業之所以向來受到世界各國的高度重視，也是基於其作為國防科技工業的基礎和支柱產業之一的這一重要地位。隨著現代技術在兵器工業中的應用範圍不斷擴大，現代兵器逐漸呈現出高技術化的趨勢。以美國為首的西方發達國家在兵器工業領域的科研生產能力較強，而發展中國家由於技術門檻和資金困難等原因在發展兵器工業上速度較慢，這些種種因素都直接導致了美國同其他發達國家、發達國家與發展中國家進一步拉開了在兵器工業技術水準與生產能力方面的差距。其他國家在建立獨立自主的國防能力方面，受到了美

國軍事霸權科技產業基礎的不斷提高的影響,從而遇到更大的困難和挑戰。

1. 世界常規兵器工業發展現狀

世界上有 31 個國家和地區具有生產坦克能力,47 個國家和地區能生產裝甲車輛,52 個國家和地區能生產火炮,64 個國家和地區能生產輕武器,94 個國家和地區能生產彈藥。在全球最大的 100 家防務公司中,大多都涉及兵器工業產品,各國的兵器裝備生產能力也在逐漸加強,大多數發達國家和發展中國家都具備了常規兵器科技開發和工業生產能力。

2. 世界常規兵器工業的結構與產品

(1) 坦克行業。坦克素有「陸戰之王」之稱,大國均以有國產主戰坦克來顯示本國的軍事和軍事工業實力,因為坦克裝甲車輛裝備質量和數量是一個國家陸軍實力的重要標誌。同時坦克行業也是兵器工業最重要的組成部分,涉及精密儀器、裝備製造等各個領域。各國為了適應未來軍事發展的需要,都在開發可以應對未來戰爭的陸戰坦克,如美國、英國、法國等。目前世界各國早已開始對第三代作戰坦克的研製,逐步在向第四代邁進。

(2) 裝甲車輛行業。裝甲車是小規模快速作戰的首選裝備,其機動性是坦克所不能比擬的。但裝甲車輛行業與坦克行業相似,由於涉及技術領域廣,其配套的企業較多,具有較好的集群發展機會。在進入 21 世紀後,不少國家研製並裝備了新型輪式裝甲車用來提高部隊的快速部署和機動的能力,其發展方向逐步向大型化、重裝備化等方向發展。

(3) 火炮行業。火炮號稱「戰爭之神」,是戰場上火力的主要

來源。無論是對地上、對空中還是對海上目標的打擊，火炮都是主要手段，都是組成國家海陸空立體火力網的主角。火炮在各國的國防軍事配備中十分廣泛，海陸空都需要裝備完善的火炮體系。總體來講，各國火炮發展自成體系，火炮類型多，應用廣泛，最為典型的是美國、德國、俄羅斯等國家。隨著計算機、新材料等現代技術的發展，火炮行業逐步向信息化、數字化方向發展，傳統的固體火藥也逐步在向液體火藥、電磁炮、電熱化學轉變。

（4）輕武器行業。輕武器相對於坦克、裝甲車行業來講，技術含量相對較低，大多數企業都能掌握其生產技術，實現規模化生產。輕武器的使用是人類戰爭從冷兵器向熱兵器變化的標誌，適合單兵作戰和小規模戰爭，是國家實現靈活作戰的主要工具。世界各國在研製輕武器的同時，注重對其威力、火力密度、便捷性、作戰環境適應性等方面的研究，在新技術和產品上，利用新材料、電磁能、激光等新技術進行改造。

（5）彈藥行業。彈藥包含火藥、炸藥以及其他裝填物相關的產品。隨著各國各類兵器裝備類型的增加，其彈藥的類型和品種也呈現多樣化發展的態勢，彈藥作為各類武器裝備的配套產品，逐步向精密化、遠程化、智能型方向發展。同時各國對彈藥技術的研製也在不斷革新，各種新型產品不斷湧現，逐步提升自身的裝備水準。加之現代電子信息技術的發展，各類制導技術也逐步多樣化，在現代戰爭中起到至關重要的作用。作為一個產業來講，彈藥的上游主要是殼體、引信等零件以及炸藥等化學原料，下游主要集中在軍事領域和部分民用市場。

（6）軍用光電、電子行業。軍用光電、電子行業在軍事中的應

用極為廣泛，諸多武器裝備和相關的系統都必須使用光電和電子產品，軍用光電、電子技術是提高國家軍事作戰效率和信息化水準的關鍵技術。以 C4ISR 系統為載體，囊括通信、計算機、情報、監視、偵查等全維度軍事信息系統。隨著各國國防建設現代化和信息化發展，軍用雷達、軍事通信、軍工半導體、虛擬仿真、衛星導航等國防信息體系建設為軍工電子行業提供了巨大的市場。

3. 世界常規兵器工業的發展趨勢

（1）產業結構將會繼續進行調整。世界大多數國家武器裝備的生產都主要掌握在大型的軍工生產單位中，佔據了絕大部分市場份額。由於武器裝備技術涉及的領域廣，配套多，許多企業在短時間內對產品訂單難以消化，導致產品生產週期長，供應不及時。各國軍火公司通過兼併重組、合資經營等方式重新配置本國的武器裝備生產資源，通過專業化的分工，提高各配套單位的技術水準和研發能力，縮短武器裝備的生產週期，在成本、技術、市場活力等方面全面提升產業的競爭力。

（2）常規武器製造技術日益先進。科學技術的發展也帶動了武器裝備製造業科技水準的提升。隨著現代信息化、智能化技術應用範圍的不斷擴大，武器裝備無論是在數量、品種還是質量上面都有了大幅度的提升。除了新技術的應用外，各國也十分注重對傳統技術的改造升級，從而縮短生產週期，減少生產成本，提高武器裝備與未來戰爭的適應性。

（3）常規武器科研生產的國際合作將不斷加強。一是技術上的合作，通過各國進行聯合技術攻關，共享研究成果，提高自身武器裝備的研製能力；二是市場上的合作，主要表現為武器裝備的出口，

典型國家包括美國、俄羅斯、德國。

（4）軍火市場的競爭將更加激烈。隨著武器出口數量的不斷增加，軍火貿易作為一項貿易收入得到了世界上許多軍事大國的重視。由於世界局勢的不穩定和局部戰爭多發，一些發展中國家和小國家迫切需要提升自己的軍事實力，但由於自身缺乏研究能力，因此只能通過武器進口。此外，隨著武器裝備技術的不斷更新換代，新的武器裝備技術和產品在軍火市場上也備受歡迎，這無疑增加了軍火市場競爭的激烈程度。

三、典型國家的經驗借鑑和案例分析

早在20世紀80年代，發達國家就逐步將競爭機制引入國防軍工市場：一是先將小部分軍工產品市場向民營企業開放，降低民營企業進入門檻，使民營企業與軍工企業開展競爭，逐步提升企業的創新能力；二是讓國防軍工生產單位進行市場化經營，通過自身組織和制度的改革建立起適應市場變化的現代經營管理制度，提升自身的發展活力和競爭力。目前，世界上各發達國家都建立起了特殊國防產品保護、國防採購、行業監管「三位一體」的政策體系，形成了與需求和國防戰略相適應的市場結構和產業組織體系，基本完成了國防產業組織重構。

1. 發達國家兵器工業產權結構的變化

20世紀80年代以來，由於技術的擴散和市場的逐步開放，大量民營企業和大型公眾公司逐步加入兵器工業行列。雖然開始的准入要求和技術水準都有一定不足，但這也沒有阻礙發達國家改革國防工業趨勢。

(1) 保留國有兵器企業的原則

對國有企業的數量進行嚴格刪減和控制，對從事保密性強且風險大、盈利少的專用裝備生產和維修的國有兵器企業予以保留。其保留和刪減的原則主要包括以下三點：

一是不與民爭利原則。國有兵器企業的產品應與民營企業的軍工產品分隔開來，做好產品的細化與分工，保證民營企業的市場利益，提高其生產積極性。一些對民營企業來講技術難度大、投入成本高、生產困難以及一些盈利少，民營企業不願意生產的產品則由國有企業生產。

二是保障安全原則。高危險品一般不交付給民營兵器企業生產，主要由國有兵器企業生產。

三是最優保障原則。即充分保證武器生產的及時供應滿足國家國防的需要，這主要是通過國有軍工企業來完成，確保武裝力量的維護能夠得到最優的保障。

以美國彈藥行業的生產為例，民營企業生產的主要是藥筒、彈藥、引信等作業危險性低的產品。國有兵器企業主要從事作業危險性大的產品的生產和裝配等，如火炸藥及其包裝、裝藥、裝配等。

(2) 保留國有兵器企業的領域

美國兵器工業主要在兩個領域有國有企業。一是在高度機密或者高度專用的裝備生產領域，如核武器總體、火炸藥、核心密室等。這些領域的生產由國有兵器企業負責。在火炸藥等特殊危險品行業，發達國家的民營化相當慎重，基本沒有進行民營化，仍以國有兵器企業為主。二是裝備維修保養領域。在美國為部隊裝備提供維修服務的企業有數千家。其中，還存在為國防部所有的國有維修保障企

業，比如陸軍的 8 個軍內維修機構等。

（3）發達國家兵器工業改革的方式

從發達國家的改革經驗來看，兵器工業改革措施主要包括：由民營企業代營運、完全轉制為民營企業、兼併重組實現部分產品民營化。

一是讓民營企業營運國有軍工企業，在國家掌控其所有權的基礎上，其決策營運由民營企業決定，使其決策營運充分實現市場化。如英國國防裝備集團、美國利馬陸軍坦克廠便是這類改革的典型代表。

二是完全轉變為民營公司，將其股權全部轉讓給社會民間資本。如英國政府在 20 世紀 80 年代將皇家兵工廠轉為民營企業，2010 年又出售了英國國防保障集團的部分股份。

三是通過企業兼併、重組，實現產品的劃分和資源的配置，將部分產品民營化。如果經營效果顯著，其民營化的業務範圍會逐漸廣泛。

四是經濟效益差、民營資本不願意接手經營的國有企業被兼併重組。如法國就將皇約範博特軍火商業公司和吉特工業公司這兩家陷入巨虧的國有國防企業進行了資產重組。

五是在為民營化的軍工市場和產品領域引入競爭機制，通過競爭提升國有軍工企業的實力。如美國的基礎維修領域，將民營企業引入該領域，與國有企業開展裝備武器維修服務競爭。

（4）戰略控制以公眾公司形式存在的重要軍工企業

奎奈蒂克（Qinetiq）和羅爾斯·羅伊斯（Rolls-Royce）公司成為公眾公司的時候，英國政府實施了政府金股制度，政府對公司的

重大戰略決策具有一票否決權。如英國政府「金股」在奎奈蒂克的權利包括：反對任何威脅國防安全的公司交易或持股；對重大決策有最後發言權；阻止其他的機構對公司惡意接管，公司開展重要的工作之前，需要向國防部提交文件證明來獲得許可；基於國家安全的角度考慮，政府擁有批准公司董事會主席任職以及監督董事的權利；可以對公司的生產經營範圍提出要求，以優先滿足國防軍備的需要，等等。

2. 美國政府對國防市場的監管

軍工產品市場和技術的開放，一定程度上會對國家國防軍事機密產生較大威脅，這需要政府進行嚴格的監管以維護國家安全。此外，發達國家政府通常採用行政和法律雙重手段來干預國防產品的競爭態勢，確保軍工產品供應市場具有高度競爭性。美國聯邦政府對國防工業監管嚴密，監管的三個重點是反不正當競爭、反壟斷和併購安全審查。

（1）武器裝備的招標被列入監管範圍

針對國防軍事裝備武器採購中的不正當競爭和壟斷行為，美國政府出抬了相應的《反托拉斯法》《合同競爭法》，維護參與招標者的利益。一旦競爭對手採取不正當競爭的行為，可通過舉報、起訴等方式維護自身利益。例如在 KC-X 空中加油機採購項目中，因為有承包商提出申訴就先後兩次被裁決，需要重新競標。

（2）對武器工業企業的併購實行管制

為保持武器工業企業之間的正當競爭，減少惡意併購事件的發生，美國政府要求國防軍工企業併購時必須按照《反壟斷法》的法律規定進行。同時，專業的部門會對併購計劃進行評估和交易審查。

例如，1990年，美國通用電力在對紐波特紐斯造船公司併購時違反了《反壟斷法》相關規定，美國國防部根據司法部的裁定對交易進行了否定。一般情況下，大軍品生產公司收購小軍品生產企業以及低一級的軍品公司較為簡單並且容易獲得批准。

（3）對外國企業投資併購進行安全審查

根據《埃克森・佛羅里奧修正案》，在美國，對外國公司或外國擁有的公司收購美國公司的國家安全審查是由外國投資委員會負責。該委員會對國外公司併購本國企業進行評估，確定收購行為對國防工業和技術基礎是否有影響。由財政部牽頭，國土安全部、司法部、國防部等12個部門參加。

3. 特殊武器生產能力的維持政策

國防特殊行業如彈藥和火炸藥等的生產能力維持問題十分嚴重。一些軍品生產企業由於在非戰時訂單少，營業收入無法維持基本的生產要求因此被迫歇業關閉。為了解決這一問題，聯邦政府出抬了一系列政策對其進行保護。

（1）採取「維持部分產能，以備戰時之需」的戰略

在非戰時期，其國內常規武器裝備生產和儲備必須能夠及時滿足兩場突發的地區戰爭所需。同時根據國家國防軍事戰略部署和軍事計劃，必須維持相應的產能以滿足軍事發展的基本要求。美國相關研究機構的研究顯示，美國國防部每年對軍工企業的採購和訂單金額必須在30億美元以上，才能維持企業的正常產能。

（2）對參與武器工業產品研製和開發的企業實行政策優惠

一是研發資金政策優惠。其產品的研製和開發費用有無研究成果都全部由政府和軍方承擔，企業只需盡全力開展技術研究工作，

無須擔心資金問題。二是將部分軍用科研成果向民用企業開放，讓其進行轉化。三是對進行相關研究所需的基礎設施設備進行無償提供。

（3）對企業實行財政優惠政策

一是為資金短缺的武器工業企業提供貸款擔保。二是無償提供專項生產設備的使用權給包括民營企業在內的武器工業企業。三是通過軍方與軍工企業簽訂訂購合同，穩定訂單採購量，保持企業的正常生產，維持其生產利潤。

（4）為民營兵工企業提供稅收優惠

與軍方簽訂合同的兵器工業企業，可以享受「完成合同後再納稅」、州或地方的營業稅和使用稅、免徵貨物稅等優惠條件。

（5）推行兵器工業現代化鼓勵計劃

美國採取了工業現代化鼓勵計劃這一重大措施來促進軍工企業進步。

4. 發達國家兵器工業發展對中國兵器工業產業集群發展的啟示

（1）加強國防軍事戰略與國防工業發展戰略的協調

一個國家對武器裝備的需求量往往與戰略部署計劃緊密相關，其需求也相對穩定，進而保障武器工業的穩定發展。同時軍事戰略必須與國防工業的發展相結合，既注重國家國防建設，也要發展國防工業產業，充分利用軍民兩類資源，實現國防和經濟的共同發展，全面提高綜合國力。

（2）推進國有軍工集團分類改革，形成「小核心、大協作、專業化、開放型」的現代武器工業體系

「小核心」是指形成專業化的武器工業產品生產能力。通過剝離

非核心業務等措施，促進軍工集團配套生產和非核心業務的社會化。兵器工業國有企業改革有兩個基本原則：一是保基礎，二是保核心。要實現兵器行業產權形式多元化，就要在細分行業的基礎上對國防工業的重要程度進行分類改革。

(3) 對產品具有低盈利性和高危險性的特殊行業採取扶持政策

部分武器裝備產品在戰時和非戰時的需求差異大，導致其生產具有較大的波動性，生產利潤也不穩定，這需要國家給予這些企業更多的支持，堅持「平戰」結合。一是要制定完善的資金保障措施，保障維持企業生產的基本資金，例如通過財政補貼等方式。二是合理確定彈藥火炸藥的生產線規模和生產能力，以保證產品安全、穩定供應。三是對彈藥火炸藥企業進行重組，形成穩定的、有市場競爭力的火炸藥彈藥生產體系。

(4) 完善國防科技工業反壟斷審查制度

充分發揮市場競爭的作用，並保證各企業參與競爭的公平性和公正性。可以設立反不正當競爭委員會和國防科技工業反壟斷管理部門，並由相關部門參加，形成統一的協調的反壟斷審查機制。同時完善相應的法律法規體系，維護企業的正當利益，明確各部門的監管審核職責，對相關行為進行及時的調查與審核。

第四節　推進中國兵器工業產業集群發展的對策建議

一、大力扶植優勢產品，培育經濟增長新亮點

充分利用兵器工業的技術和生產優勢，積極扶持民爆產品、油

氣裝備、新材料和新能源等競爭力強、民用潛力大的產品向專特優的新方向發展，不斷增強技術創新能力和市場開拓能力。

在民爆行業領域，進一步優化民爆產品結構，釋放過剩產能，全面貫徹安全、質量、技術、環保等生產要求，加強現代化、信息化技術的應用，加強油氣井及公共安全用爆破器材等產品的研發和市場推廣，完善產品體系，提高產品質量。

在油氣裝備領域，研製和開發高端鑽採技術與產品，確保國內鑽鋌行業保持一流水準。在抽油設備方面重點開發超高強度、高強度高韌性的設備；同時圍繞核心企業和核心地區形成高端油氣裝備產業集群，加速形成現代化的石油裝備生產基地。

在新材料領域，聚焦超硬材料的研發和產業化，填補國內相關產品空白，全方位參與國際市場競爭，研究和開發各類超硬材料新品種並實現產業化發展。

在新能源領域，全面加強風能、太陽能、生物質技術的開發並將其應用於武器裝備生產中。依託國家發展規劃加強核心技術研發。

二、構建產品研發平臺，全面提升科技引領能力

依託國家級工程研究中心和兵器集團重點民品開發中心，進一步完善國家級企業技術中心，構建民用產品科技創新體系。全面提升企業的自主創新能力，提高技術轉化應用水準。通過產品研發平臺建設，整合各類研發資源，建立產品數據庫和技術庫。加強國防軍工企業與民營企業在技術、市場方面的合作，圍繞產業鏈實現產業集群發展。同時以大型國家項目為依託，加強民品技術的轉化應用，發展一批具有帶動能力和特色、優勢突出的產品。

三、強化結構調整與資本運作能力，推動民品融資模式的轉變

建立完善的投融資機制，提高市場和企業的資本運作能力。增大結構調整和資本運作的力度，以重點民品骨幹企業為框架，圍繞民品「千百億工程」，以增強重點民品專業化競爭能力為目的，憑藉現有上市公司，推進系統內外企業間的區域化集群的資源整合與結構重組、產業鏈銜接。

四、打造三支專業人才隊伍，提供智力支持和人才保障

增強人才隊伍建設，重點培養「三支人才隊伍」——高技能人才、戰略企業家與專業管理人才、科技領軍人才。以高技能人才為主，創建一支門類齊全、熱愛事業、技壓群雄的技能人才隊伍。憑藉人才話語權提升和市場地位，用強大的智力和人才保障來發展民品產業，逐步建立並完善人才職業化、市場化、專業化和國際化的發展機制，為科技與管理人才的培養打下基礎。

第十一章 船舶產業集群發展研究

船舶產業是為航運、海洋開發和國防提供各種裝備的綜合性產業，是中國六大國防科技工業產業之一。中國的船舶產業經歷了新中國成立後的快速建立到改革開放後的大發展，已經形成若干產業集群，是國防科技工業產業集群發展的典範。本章對船舶產業集群發展進行重點研究，並提出了發展對策。

第一節 船舶工業發展現狀

一、船舶產業發展演進過程

(一) 中國船舶工業發展歷程

新中國成立初期，雖然經濟困難，百廢待興，但國家仍然高度重視船舶工業，集中一切資源發展船舶工業。20世紀50年代開始恢復，建成了一批客貨船、貨船和油船。到60年代，中國陸續建成江上運輸的船舶、大洋中運輸的船舶、海洋中開發石油的船舶、軍用艦艇和海洋調查船等，中國的造船能力大大提升。這段時間，能造出30萬以上載重噸的大型海洋船舶。到70年代，造船能力發展到

60多萬噸/年。在此期間，國家重點改擴建了一批造船廠，如上海造船廠、新港造船廠、江南造船廠、大連造船廠、武昌造船廠等；與此同時，又新建一批造船廠，如黃浦造船廠、廣州造船廠、渤海造船廠等，形成了沿海和沿長江的重要船舶建造基地。經過幾代人的努力，基本形成了一個現代化的船舶工業體系，門類齊全，設計生產能力較大。20世紀80年代以後，按照改革開放總設計師鄧小平的指示，船舶工業必須走進國際市場。經過半個世紀的努力，中國造船業已取得巨大成績。

進入21世紀，中國造船業更是快速發展，到2004年，造船產量達到800多萬載重噸，列世界第三位。21世紀前10年，中國船舶工業規模不斷擴大，新接訂單量、手持訂單量、完工量已連續多年居世界前列。整體實力不斷提高，在散貨船、油船、集裝箱船（以下稱三大主流船型）幾方面已具備自主開發設計能力；高技術船舶、海洋工程裝備方面也取得了較大突破，大型船舶企業造船週期和質量管理達到國際先進水準[1]，成為世界造船大國。2010年起中國躍居世界第一造船大國地位，成了名副其實的航運大國、海洋大國。近年來，中國船舶工業國際市場份額迅速上升。到2015年年末，中國新接訂單量、手持訂單量、造船完工量三大指標市場份額繼續保持世界第一。《中國製造2025》將海洋工程裝備和高技術船舶列為十大重點發展領域之一。[2]

2017年工信部等六部門印發《船舶工業深化結構調整加快轉型

---

[1] 張仕娥，姜根柱，繆囊囊．基於卓越計劃的機械設計製造及其自動化專業實施探討［J］．中國電力教育，2012（5）：57-58．
[2] 佚名．船舶總裝建造智能化轉型指導意見研討會在京召開［J］．智能製造，2017（10）：10．

升級行動計劃（2016—2020年）》（以下簡稱「行動計劃」），確定了一個目標，即中國造船工業到2020年要建成規模實力雄厚、創新能力強、質量效益好、結構優化的船舶工業體系，力爭步入世界造船強國和海洋工程裝備製造先進國家行列。[①]《行動計劃》還指出，要加快啓動深海空間站重大科技項目，組織實施大型郵輪、智能船舶、船用低速機、第七代深水鑽井平臺等一批重大創新工程和專項。產、學、研、用協同攻關，系統地開展重點領域基礎共性技術、產品設計製造關鍵技術研究，關鍵系統和設備研製，以及標準規範制定等工作。[②]

（二）軍用船舶工業演進過程

新中國成立後，船舶工業形成了民用為主，同時也服務於軍用需求的發展模式。20世紀60年代以後，陸續建成多型海洋運輸船舶、長江運輸船舶、海洋石油開發船舶、海洋調查船舶和軍用艦艇，除少數特殊船舶外，中國已能設計製造各種軍用艦艇。1950年成立重工業部船舶工業局（1953年劃歸一機部），主要任務為支援朝鮮戰爭，搶修、改裝軍船，同時，接管和改造一批舊船廠，逐漸恢復生產能力，建造了由蘇聯轉讓的一批艦艇。當時，也開始組建造船研究機構，開始研製萬噸級的大噸位船舶。20世紀60年代初，國家成立專門的機構，負責軍船研製，自此，中國船舶工業開始從軍用

[①] 潘亞鑫. 海事船舶行業2014年招工用工狀況調查分析 [J]. 廣東造船，2014, 33(2): 13-16.

[②] 工信部. 六部委發文: 推動船舶工業軍民深度融合 [DB/OL]. (2017-01-13) [2019-11-22]. http://www.xinhuanet.com/fortune/2017-01/13/c_129444787.htm, 2017-02-15.

船舶仿製、改進逐步轉為自行研製，同時貫徹「三線建設」戰略，把很多重要基地都搬遷到四川、陝西等一些大山中。由於國家實施「深挖洞」戰略和「三線建設」，軍用船舶發展很快，單個的企業不斷壯大，但是船舶工業產業集群還沒有形成。

黨的十一屆三中全會後，國家探索實施軍民相結合，軍品優先發展，同時把部分產能用於民用船舶生產的戰略。船舶工業行業管理實行中央和省（市、區）兩級管理方式，國防科工委設有全國船舶工業行業管理辦公室，省、自治區、直轄市設有船舶工業行業主管部門。①

2017 年發布的《行動計劃》中指出船舶工業是為國民經濟及國防建設提供技術裝備的現代綜合性產業，是軍民結合的戰略性產業，是國家實施海洋強國和製造強國戰略的重要支撐。②《行動計劃》提出了船舶產業六大重點任務，其中之一就是推動軍民深度融合發展。進一步加強船舶領域研發設計、試驗驗證設施、生產及配套資源的共享共用，並建立軍民品協作配套體系。2019 年 7 月，中國船舶重工集團有限公司和中國船舶工業集團有限公司兩大集團合併，在船舶工業集群發展上又邁進了一大步。

船舶產業集群發展主要實施了兩大策略。一是建產業園。以大型的船舶龍頭企業及子公司為核心，規劃建成船舶工業產業園。園區再吸引諸多船舶配套企業，圍繞一個大的核心企業，通過產業鏈融合，形成了軍用船舶產業集群。如中船工業，緊緊圍繞國家「發

---

① 佚名. 張廣欽就中國船舶工業發展答記者問 [J]. 交通建設與管理, 2005（7）: 28-30.
② 董強. 四方面著力推動實現船舶工業高質量發展 [J]. 中國船檢, 2018（3）: 12-13.

展海洋經濟、建設海洋強國和強大國防」的戰略部署，在業務結構上由「一業獨大」向適度多元化轉型，形成了以軍工科研生產為核心主線，貫穿船舶造修、海洋工程、動力裝備、機電設備、信息與控制、生產性現代服務業等6大產業板塊協調發展的產業格局，在海洋防務裝備、海洋運輸裝備、海洋開發裝備、海洋科考裝備等領域擁有雄厚實力。二是開展企業兼併。中國兩大船舶企業集團積極開展合併，通過集團公司及下屬企業合併，形成一個大的集團，從而在技術上、市場上形成分工合作和信息共享，形成一個非物理空間聚集的產業集群。

二、軍用船舶工業的市場容量和特殊性

（一）船舶產業的市場容量

在國民經濟發展中，國家航運運輸、海洋開發和國防建設中需要強大的船舶產業提供主要裝備，船舶產業屬於軍民兩用的戰略產業，全世界各國尤其是沿海國家和地區高度重視本國或地區船舶工業的發展。中國屬於海洋大國，海洋資源豐富，海洋開發潛力巨大，需要超強的船舶工業建設能力來開發海洋經濟，維護中國海洋權益，進行海洋資源科學考察，建設海洋強國，貫徹「一帶一路」倡議，實施「長江經濟帶」和南海開發等國家戰略。據估計，未來幾年裡，全球新增船舶噸位每年約3,000萬載重噸；到2020年，每年對移動式生產平臺和油氣等鑽井平臺的需求量為160座（艘）左右；每年對多功能海洋工程船的需求量約為20艘，對平臺供應船的需求量約為30艘。21世紀全球競爭的主線是全球供應鏈之間的競爭，各國船

舶工業從上中下游產業環節的整合轉變到專注於全球化船舶產業鏈的佈局和全球化的市場拓展。① 目前，全球船舶工業排在前三位的是中國、日本和韓國。

在軍用船舶需求方面，由於中國海外資產和海外利益愈來愈多，海外資產的保護需求越來越大，因此未來對各類軍艦及海警船只的需求將大幅度增加。軍用船舶市場需求不斷提升。

（二）發展船舶產業的特殊性

船舶產業特殊性體現在如下方面：首先，它是一個綜合性裝備產業，為海洋開發、水上交通、國防建設等提供技術裝備。它包含了諸如材料、電子、精密儀器、能源動力、工業設計等眾多學科領域，是一個龐大的、複雜的工業體系。其次，船舶產業週期長，資金量大，技術含量高，還是一個勞動密集型產業。中國良好的工業和科技基礎體系、高速發展的經濟及大量的勞動力、長長的海岸線、快速增長的對外貿易等，為船舶工業提供了較好的發展基礎。

船舶工業是國家裝備製造業不可缺少的組成部分，是現代化大工業的縮影，關乎國民經濟發展、國防安全。船舶工業能提升一國的綜合國力，現階段發展中國船舶工業更為重要，對保障水上運輸安全、提高國家綜合實力、加快海洋開發步伐、維護國家海洋權益、維持國民經濟增長、保證國防安全，具有極為深遠的意義。在經歷多年的發展之後，中國船舶工業已成為國際船舶工業中的重要力量，具有較強的國際競爭力。反觀其他傳統造船大國，現在由於訂單量

---

① 劉輝，史雅娟，曾春水. 中國船舶產業空間佈局與發展策略 [J]. 經濟地理，2017（8）：99-107.

下降、人才流失，船舶工業日漸萎縮。

第二節　軍用船舶產業集群發展模式

一、核心企業領導的分層協作模式

在核心企業領導下的分層協作模式，是形成造船業集群的主要模式。在核心船舶企業領導下，整個產業鏈上，整船企業和船舶零部件企業分層協作，完成船舶生產。該模式中，核心企業就是一個巨大的「恒星」，通過其強大的「向心力」把一些配套「行星」（配套企業及零部件加工廠）吸附在自己周圍。通過併購對各層級零部件生產企業實現控股或其他控制。核心造船企業負責船舶設計、關鍵系統裝配和零部件開發製造和銷售，並控制和協調整個產業鏈的運行。從層級上看，可能有多個層級企業，核心企業之外的第一級協作企業，主要負責總成和系統的製造，也就是整船的半成品了，並根據實際情況將部分業務轉包給外圍層企業。該模式對各層企業能力要求不同。核心企業必須具有一定規模和能力，對協作企業具有一定的控制權，以穩定生產經營和控制風險，保證產業鏈協作體系的運行。對協作廠的要求相對不高，但須按照上級企業的需求數量、質量和時間完成協作任務。[1] 中國船舶重工集團公司與其他企業合作完成大型艦船就屬於此種模式。

---

[1] 楊慧力，王凱華. 中國船舶產業鏈整合模式選擇 [J]. 中國科技論壇，2015（8）：71-77.

二、模塊化整合模式

隨著現代造船模式的發展，縱向一體化整合模式逐漸分解演化為網絡模塊化組織。軍用船舶往往是一個複雜的整體，其船體及動力系統本身就是一個複雜系統。除此之外，還有作戰指揮系統、火控系統、導航系統、衛星通信系統、電子戰系統、各種雷達系統和戰術數據系統等。每個系統成為一個模塊，通過模塊化整合形成一個網絡狀產業鏈，即把軍用船舶產業鏈複雜的系統分拆成不同模塊，並使模塊之間通過標準化接口進行信息溝通整合。模塊化產業鏈以網狀形態出現，而不是以傳統的一條產業鏈形式存在。企業間的競爭關係表現為產品模塊之間的競爭。模塊化產業鏈的整合方式包括產品鏈上的產品優化整合、價值鏈的價值創造整合、知識鏈的知識共享整合三個方面。模塊化造船模式需要造船企業將資源集中在最擅長的核心業務上，放棄非核心業務，即把非核心業務外包給最有效率的專業化生產企業，形成造船模塊化製造網絡。①

三、戰略聯盟模式

戰略聯盟模式是指在船舶產業集群內，由造船企業、零部件企業及其他相關企業構成，競爭與合作並存，具有產業鏈組織關係的模式。該模式中，軍用造船企業和零部件企業以合同契約為紐帶建立一體化關係，企業之間合作和競爭自由，沒有形成穩定的合作夥伴關係，形成的是一種戰略聯盟。整個軍用船舶企業戰略聯盟的建

---

① 陳勇.江蘇船舶產業體系評價與實現路徑研究 [D].鎮江：江蘇科技大學，2011.

立和維持主要依賴合同和契約，因此對市場有較高要求，如健全的市場機制、規範的市場秩序、完善規範的技術標準和良好的社會信用體系等。①

四、全球價值鏈模式

全球價值鏈模式，即船舶企業在全球範圍內進行資源整合，構建全球採購、生產和銷售服務網絡體系。核心企業控制開發設計、核心製造和服務環節，將低附加值環節轉包給全球優秀供應商。整合企業要擁有自主創新體系，具有知識累積、技術擴散和持續創新的優勢，並具有很強的供應鏈管理能力、市場判斷能力。此外，還需要政府在相關政策服務方面提供大力支持。②

第三節　中國軍用船舶工業集群發展的對策

基於產業的實力壯大與快速發展的現狀，通過企業兼併與重組、加快產品調整、優化產品配套結構等方法推進中國船舶產業集群創新發展和國防科技創新發展。

一、加快軍用船舶產業結構轉型升級

船舶產業主要由四大類構成：一是海洋漁業，二是海洋油氣業，

---

① 陳勇. 江蘇船舶產業體系評價與實現路徑研究 [D]. 鎮江：江蘇科技大學, 2011.
② 佚名. 船舶總裝建造智能化轉型指導意見研討會在京召開 [J]. 智能製造, 2017 (10)：10.

三是濱海旅遊業，四是軍用船舶業。本章主要強調軍用船舶工業，即保衛國家海洋權益和維護世界和平的國防力量。發展船舶產業，必須圍繞其產業鏈和價值鏈，在研發設計、船舶製造、配套設施及服務等產業鏈環節實施整合，從產業鏈和區域角度加強推動船舶產業集群發展。主要措施為：通過產業鏈條的向前和向後聯繫，拉動上游產業聚集；圍繞核心裝配企業，將上游的鋼鐵、機械、電子、加工裝配、化工、信息等企業聚集一起，形成強大的產業集群；產業鏈的下游，強化品牌及營銷能力，將船舶產品銷售到全球市場。

二、推進企業兼併重組

鼓勵大型骨幹造船企業以資金、技術、市場為紐帶，收購、重組中小企業，加快各要素資源整合，進一步做大做強。鼓勵配套企業與上下游產業對接，通過調整、重組，培育具有國際競爭力的船舶配套企業。採用必要的調控手段避免產業同構，制止低水準重複生產，加快船舶曬裝件、機械管件等低端產品同區域企業的聯合，進一步優化資源配置。鼓勵甲板機械企業以市場為導向加快資產重組，實現規模生產。引導船用儀器、船用閥門等單一設備企業與主機、大型設備企業進行聯合，提升縱向一體化水準，提高產品整體競爭能力。[①]

三、加快推進產品結構調整

油船、集裝箱船、散貨船三大主力船型向自主化、品牌化、系

---

① 陳勇．江蘇船舶產業體系評價與實現路徑研究［D］．鎮江：江蘇科技大學，2011．

列化、批量化發展。重點開發液化天然氣船，如 LNG、超大型油輪等，以及以上的集裝箱船、高附加值的化學品船、滾裝船、工程船、新型遊艇等高技術船。提升全回轉拖輪、海洋工程運輸船等特種船生產能力，加快推進內河船舶標準化，發布全省內河船舶產業調整目錄指南，及時引導發展方向。嚴格實施和落實限制類產業門檻及技術標準，淘汰現有落後船型，採取貼息、補助等引導、扶持政策，鼓勵對現有非標準船舶的淘汰改造，推廣使用標準船型。[1] 鼓勵中小企業集中資產、生產設備和人才進行專業化生產，實現差別化競爭。增強關鍵產品的研製能力，培育核心技術，提高產品競爭力，減少無序競爭和重複建設。提高低速柴油機、海洋系泊鏈、大型吊機等產品的產業規模和層次。開展船舶配套系統集成和優化設計。動員行業外有技術優勢和能力的特色企業參與配套業發展，促進形成具有自主知識產權的船舶配套產品。

四、以港口群提升船舶產業集群化水準

以中國港口集群優勢，將船舶產業鏈各環節企業集中於港口集群。在港口集群中，船舶產業鏈各環節企業分工協作，產業鏈橫向關聯。圍繞環渤海灣港口群重點發展陸海聯運，發展高技術船舶及船舶服務業。重點建設大連和青島兩個千億級海洋工程裝備及高技術船舶產業集群。充分利用江蘇沿海臨港產業帶、上海沿長江及東海工業發展帶、浙江沿海新型臨港工業發展帶，建成長江三角洲船舶業集群。珠江三角洲船舶業集群，重點發展船舶管理、監測、維

---

[1] 佚名. 張廣欽就中國船舶工業發展答記者問 [J]. 交通建設與管理, 2005 (7): 28-30.

修和金融服務等相關服務業。結合福建省沿海產業密集帶建設，建設東南沿海船舶產業集群，重點在於承接長江三角洲和珠江三角洲船舶產業轉移。西南沿海船舶業集群，重點圍繞廣西北部重點產業園區、海南自貿區建設、海南國際旅遊島建設，做好與東盟國家貿易對接。

五、推動船舶工業開放創新

現代重工在國防科技產業發展過程中，尤其注重開放創新。例如，利用大宇集團、韓進重工的先進技術，推動驅逐艦的研發與生產；利用克萊斯勒公司 M1 型主戰坦克設計與製造先進工藝，推動坦克合作生產；利用這種不斷進取、開放合作的態度，使現代重工迅速躋身於國防軍工市場。中國兩大船舶企業集團的保密性和安全性要求決定了其相對封閉的特性，儘管在造船和非船領域開發並累積了一定的高精尖技術，但也要避免追求「大而全」或「小而全」。他山之石，可以攻玉。兩大船舶企業集團可以以更加開放的態度，吸納國內外先進技術，聯合攻關，協同創新，向世界一流企業發展。①

---

① 潘亞鑫. 海事船舶行業 2014 年招工用工狀況調查分析 [J]. 廣東造船，2014，33 (2): 13-16.

第十二章　航空產業集群發展研究

航空工業具有重大戰略意義，是國家高科技產業，不僅對現代經濟發展提供強勁動力，還對壯大國防科技工業具有顯著作用。國防科技行業將國家戰略作為戰略導向，抓問題，聚重點，推改革，促融合，進一步完善軍民結合的科研生產體系，促進軍民兩者的相互支撐，相互貫通，以使國防科技深入發展。航空領域涉及航空器的設計、新材料的研發、航空器的製造和後期營運維修，航空工業的加快發展需要更大的發展力度，具有可持續的發展規劃，需要充分發揮航空工業的強輻射力的優勢。航空工業如果形成了產業集群，將對相關地區儲備大量的人才，聚集強大的科研力量，得到技術和設備的領先優勢，在很大程度上提高該地區的自主創新能力。

第一節　航空工業特徵與產業集群發展的必然性

一、航空工業具有高度的產業關聯特性

產業關聯，即在社會生產過程中，產業之間所形成的相互依存、相互促進以及相互推動發展的密切關係。航空工業作為產業鏈的核心，在生產製造加工產業中占據著重要地位。對於民航來說，產業

鏈隨著航空器的設計、生產和服務而形成，涵蓋了多個產業和環節，如航空器的研發、設計、試飛取證、營運維護和商業服務等（圖12-1）。由於不同環節的主要功能不同以及不同環節之間的銜接關係，可以將民航產業鏈分為營運服務鏈和設計製造鏈。營運服務鏈由機場的營運管理、航空器的維修租賃和運輸、航空業培訓諮詢、金融、旅遊等構成；設計製造鏈由航空器的研發、設計、總裝、試飛取證、航空器的發動機製造、新材料開發、航空電子設備、航空零部件製造和航材備件等構成。

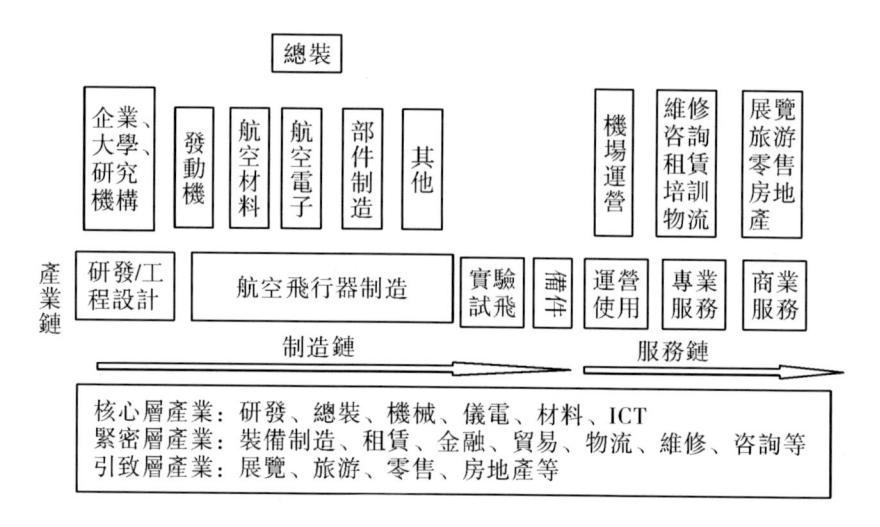

產業鏈	研發/工程設計	航空飛行器制造（發動機、航空材料、航空電子、總裝、部件製造、其他）	實驗試飛	備件	運營使用（機場運營）	專業服務（維修、咨詢、租賃、培訓、物流）	商業服務（展覽、旅游、零售、房地產）
	← 制造鏈 →				← 服務鏈 →		

核心層產業：研發、總裝、機械、儀電、材料、ICT
緊密層產業：裝備制造、租賃、金融、貿易、物流、維修、咨詢等
引致層產業：展覽、旅游、零售、房地產等

圖 12-1　航空產業關聯產業

由於產業鏈的不同環節與航空器的聯繫程度是不同的，所以可以將其分成三大部分：核心產業、緊密關聯產業和引致關聯產業。核心產業即與航空製造直接相關的環節，比如與航空器的研發、運行等方面直接相關的各種資源；緊密關聯產業主要指和核心產業密不可分的上游產業，其作用是為航空器的製造提供材料上和技術上

的支持；引致關聯產業主要指核心產業的下游產業，主要是服務於地方經濟建設的航空器產業。

二、航空工業具備形成產業集群的有利條件

航空器從最初的設計到最終的使用需要很長的歷程，依次需要技術要求的收集、概念和詳細設計、生產製造和試飛取證等，涉及的學科很多，比如流體力學、空氣動力學、機械設計、航空發動機原理、材料力學、工程力學等。航空器的生產製造屬於極其常見的流程製造，工藝流程一般包括工藝裝備、毛坯製造、加工零件的組裝檢測和外觀噴塗等。零部件的組裝和航空器的總裝為龍頭企業的形成發展提供了極大的空間，並且，也為中小企業提供了一定的有利條件，所以航空工業為產業集群的形成夯實了基礎。

三、航空工業具有高技術、高投入、高收益、高風險的特點

航空工業隸屬於機械設計與製造業，其主要業務是研發、生產和維修航空器，當然其他多種與製造和修理相關的企業也囊括其中。同時還包括許多隸屬於甚至獨立於企業的研究設計部門、試驗基地以及管理機構等相關部門機構[1]，其技術要求和科學儲備都需要高標準，所以是高技術產業。

航空業投入巨大，才能滿足航空器的研發和製造，為此需要國

---

[1] 羅仲偉. 軍事工業主體的特性與產業組織分析 [J]. 中國工業經濟, 2003 (2): 30-38.

家進行持續且穩定的高投入。軍機 F-16 的設計花費為 8.7 億美元，售價為 1,840 萬美元；F-22 的設計和製造花費達到了 130 億美元，售價超過 8,000 萬美元；F-117A 隱身戰鬥機的設計花費為 20 億美元，售價為 4,600 萬美元。客機 A320 的設計花費為 20 億美元，銷售價格為 3,800 萬美元；波音 777 的設計花費為 50 億美元，售價為 1 億美元以上。

高投入的航空工業會催生其他高附加值的產品。在發達國家，航空工業的投產比可以達到 1：20，相關統計顯示，就產品的附加值而言，汽車為 25%，鋼鐵為 29%，而航空工業達到了 44%。

四、航空工業的技術輻射面廣、產業帶動力強

航空器是高度精密的機械產品，其設計和工藝製造要求都很高，涵蓋面包括研發技術創新、新材料開發和應用、液壓與氣壓傳動技術、電子信息控制技術和數字化協同技術等。所以，航空業高新技術產業的發展將會促進新材料、新能源、高端製造、信息技術、節能環保等產業共同發展，不斷刺激不同領域的科技創新，加快改造升級。

第二節 中國航空工業發展歷程

在中國，航空工業起始於 1951 年，現在已經有 60 多年的發展歷史。在漫長的發展中，有無數的航空人自力更生、艱苦奮鬥、砥礪前行，所以才有了中國航空工業卓越不凡的成就，他們為國家的

國防工業和經濟建設做出了巨大貢獻。

一、新中國成立後的初探階段

新中國成立之初，中國工業基礎十分薄弱，有的僅僅是戰爭後剩下的修理廠，相關的設備和規模都達不到自籌航空工業的要求。儘管如此，由於航空工業的戰略需要，國家領導人積極謀劃屬於中國自己的航空工業，先後上報了《關於航空工業的建設的意見書》和《初步建設航空工業意見書》，並經中央同意設立了航空工業籌備組。1950 年 12 月，周恩來總理主持召開航空工業的籌備會，在會上，研究了航空業創建的路線方針政策，以及蘇聯援助等相關問題。在蘇聯政府和中國的共同努力下，雙方一致同意並正式簽署了「技術援助協定」。

在建設初期，中國加大了相關人才的培養與利用力度，對與航空工業相關的很多技術人員予以重用。同時，中國開始著眼於航空高等院校的創建，1952 年三所航空高等院校的成功創建為航空工業培養了大量高素質人才。伴隨航空業的建立，中國航空人只用了六七年的時間，就使中國成為世界上當時極少數能夠運用噴氣飛機技術的國家之一。在此期間，從修理維護到生產製造，再到自行研發，進而由活塞式發動機飛機的修理製造發展到熟練掌握一系列相關生產製造技術，中國航空業相關技術取得了極大的突破。

二、「大躍進」和「文化大革命」時期的曲折前行階段

當時借助於蘇聯所提供的全方位援助和指導，中國的航空工業得以在較短的時間內取得顯著的發展進步，同時還建立了一套符合

當時國情和國防建設要求的工業體系。在此基礎之上，航空工業便在第一個五年計劃中表現突出並超額完成任務。但在隨後的「大躍進」期間，航空工業的產品品質和質量嚴重下滑，所生產的飛機基本不能達到品質要求，所以完全不能滿足當時軍用需求。頻頻出現的問題引起了中央領導的高度重視，中央要求立即採取高效的措施來解決嚴重的質量問題。之後全面進入整風時期，航空工業的發展又逐漸恢復正常，設計生產工作逐步邁上正軌，航空工業相關產品的質量趨於穩定，不僅滿足了軍用需求，同時也解決了許多實際問題。在此期間，在引進仿製機型的研發製造方面，我們有了突破性的進展，殲6型飛機成功首飛，正式頒布了生產標準，並調整了組織機構。此外，中國航空業開始自主研發，1965年6月1日，強5首飛，標誌著中國航空業自主設計的開端，以及噴氣式戰機自行研製的開始。

1966年，「文化大革命」爆發，對正處於恢復期的航空業產生了嚴重的阻礙，耽誤了引進仿製生產向自行設計過渡的進程。「文化大革命」期間，「革委會」制定的相關規劃和計劃不符合實際國情，沒有可行的保障措施，這些規劃的實際執行對航空工業的研發和生產製造都不可避免地產生了相當惡劣的影響，導致質量事故頻發，不利於航空工業研發和生產製造的良性發展。直到「文化大革命」結束，這些情況才有所好轉。

航空工業部分軍用產品在轉為民用的進程中，部分企業在生產中不重視軍用產品的質量，軍品的高標準、高質量的要求導致很多企業寧願放棄軍用任務。它們為了提高企業產值更願意接受民品任務。面對這種情況，在1960年年底，召開了國防工業三級幹部會

議，會議強調要堅決樹立「三個觀念」（國防觀念、戰爭觀念、軍隊服務觀念）和「兩個第一」（軍品第一、質量第一），並且批判了生產民品的潮流，這也導致了航空工業軍民兩用發展的滯後。

三、改革開放後的復甦階段

「文革」結束後，航空工業的形勢逐漸好轉，對相關企業和從業人員進行了持續的思想觀念的撥亂反正，並開始產品質量的整頓工作。1978年召開的黨的十一屆三中全會決定把全黨的工作重點轉移到社會主義現代化建設上來，其中就有航空工業的發展建設。這給航空工業的發展帶來了喜人的變化，並且在以經濟建設為中心和結合實際量力而行並有所作為的思想指導下，黨中央決定將工作重點開始轉移，一切從實際出發，嚴格執行科研先行、質量第一的方針，按經濟規律辦事；把「更新一代、研製一代、預研一代」作為航空工業以及飛機工業的新目標，同時明確了要實現「四個轉變」：由以前單一化的軍用結構生產逐漸向軍民融合結構生產轉變；從最先進行的仿製向當今盛行的自行研製轉變；產品生產供應方向由國內向國內外供銷結合的結構進行轉變；管理層面開始向更多地借助於經濟、法律等手段進一步提高運作效率轉變。

1979年對越自衛反擊戰結束後，軍用產品的訂單量出現了明顯下滑，專注於軍品生產的企業普遍呈現出停產或半停產的狀態，不可避免地造成所涉企業的工作人員、廠房和設備等各種資源出現閒置的情況。針對國防科技工業發展過程中存在的問題，鄧小平同志於1982年提出「軍民結合、平戰結合、軍品優先、以民養軍」的方針。航空工業相關企業開始逐步嘗試以生產軍機為主轉向民用飛機

的生產試製。先是進行了非航空民用品的開發，但是由於正處於改革開放初期，商品市場處於一個很稚嫩的階段，什麼都處於摸索中，對於商品開發的方向具有很大的盲目性（如用精密儀器去生產加工簡單日用品等）。1983 年，軍工企業根據國家的引導開始民品的生產，同時航空製造企業利用自身在技術和人才上的優勢，開始對國家計劃的民品進行研製。1982 年第三機械工業部改名為中華人民共和國航空工業部，這是在第五屆全國人大常委會第 23 次會議上所提出的決定。1988 年航空航天工業部成立，以「航空航天為本，軍民結合，軍工第一，民品為主，走向世界」為工作方針，並將「軍轉民，內轉外，攻關加合作」作為發展思路。

基於航空航天工業部確定的工業方針和發展思路，中國航空工業在探索和嘗試中取得了持續的發展。航空工業始終圍繞著發展航空特別是研製現代化航空武器裝備進行的，並在此基礎上將軍品轉化為民用生產技術，兩方面都取得了豐碩的成果。

武器裝備等相關方面取得重大突破。中國自主研製的戰鬥機、導彈，以及飛行器發動機、飛機上的設備等軍用航空器均批量生產，實現以較少的投入生產更多的重要軍事設備，使我軍擁有一批高科技武器裝備，克敵制勝，同時也加快了中國國防力量的轉型，由單純防禦轉向攻防兼備。當然，民機的發展也初具規模並發展迅速，大量優秀產品被生產出來並在國內外市場出現。如新舟 60、運 8、直 11 等多種航空產品相繼出現，在國民經濟發展中的重要地位日益凸顯，並進一步打開了國外市場。

四、新世紀的全面融合階段

進入21世紀後，隨之而來的是更多的挑戰與問題，如新一輪世界範圍的產業轉移和結構調整、新的軍事變革的挑戰，都讓航空工業必須緊緊圍繞大集團戰略發展目標，以改革和結構調整促進發展，從而加快相關航空企業與單位進行資源優化，戰略重組，以不斷加強核心競爭力。

從國際先進航空企業成功發展的情況來看，其專業化是一個非常重要的因素，這也是發展的一個必然趨勢。基於中國航空工業實現資源合理配置、擴展主營業務的需要，專業化整合成為必然選擇。航空工業要以實現大集團發展戰略作為其發展目標，努力實現更大的發展，以更強的實力為航空業的發展貢獻力量。2008年，中國航空工業集團公司正式成立。航空工業集團確立了「兩融」發展戰略，即「融入區域發展經濟圈和世界航空產業鏈」，標誌著航空工業的軍民融合提到了公司戰略層面。所謂「兩融」就是改變過去封閉保守的思維，樹立開放合作的觀念，貫徹對外開放的基本理念。在這方面中國航空工業積極回應號召，推進國際化開拓，全面擴大對外開放，廣泛開展國際經濟技術合作，全面融入世界航空工業，並且先後向國外十多個國家輸送上千架飛機，從而大大提升了國外貿易。在區域發展經濟圈的融入方面，積極回應國家關於西部大開發、振興東北老工業基地等戰略部署的同時，與很多地區就航空工業和區域經濟的互動發展進行深入合作，以期打破航空工業相對封閉的體系，實現巨大變革。

第三節　典型航空工業產業集群發展的經驗與啟示

在全球國防工業轉軌全面開展的今天，中國國防科技工業可以通過產業集群去實現綜合效益的提升，通過規模經濟效應去實現綜合成本的降低，通過軍民科技資源集聚去提高創新潛力，通過學習效應去提升核心競爭力。國內外航空工業產業集群目前的特點都是「市場主導、政府扶持、創新引領」。航空工業產業集群的內核是一個創新的體系，當前大部分傳統的軍工經濟主體均強調專業化分工和協作，並基於創新慣例或基因的相似性進一步產生創新集聚效應；在軍民互動方面主要通過不同創新模式實現組織與傳播。在航空工業創新系統中，行業的龍頭企業在這方面更有優勢。因此，通過將縱向產業鏈和橫向科研、生產、教育一體化可形成產業集群，並借助於集群創新優勢進一步推動航空工業和軍民一體化建設的大發展。近年來，伴隨中國創新驅動發展戰略的穩步實施，航空工業產業集群的發展已經成為重大的理論問題和現實問題。

一、國外航空工業產業集群

（1）法國圖盧茲航空工業產業集群

圖盧茲位於法國西南地區，不僅是重要的行政、文化和商業中心，而且是法國第四大城市，其所建立起來的航空工業產業集群是歐洲航空工業的中心。它不僅是知名航空製造公司空中客車和達索戰鬥機的生產基地，也是眾多實力雄厚的電子工業和製造公司的聚

集地。在衛星製造、地面觀測等多個方面都處於歐洲一流水準。

圖盧茲是法國第二大大學城，目前在校大學生數量高達110,000人。所以可想而知，圖盧茲具有人才儲備較多、研究機構較為密集等特點。作為歐洲最古老的大學之一，圖盧茲大學目前在校學生不少於97,000名，其辦學規模僅次於巴黎大學和里昂大學，更多的人還認為這裡是法國工程師的搖籃。

在1969年，為了加快航空業的發展，法國國家航空研究院圖盧茲研究中心應運而生，專門研究航空工業。現在，這裡有280名包括研究人員和工程師在內的工作人員，而且每年大概有90名博士能夠在此畢業，同時差不多有300項科研項目在此進行。此外，這一地區還分別有兩個區域開發和創新助推兩種類型的機構，其發展要義均為在最大程度上促進所在區域中小企業的發展。

（2）美國西雅圖航空工業產業集群

西雅圖是美國太平洋西北部最大的城市，同時也是該區域的經濟、文化和科技中心，其交通發達，也是美國主要的旅遊和貿易港口城市。作為全球最主要的民用飛機生產製造基地，西雅圖有「飛機城」之稱，是軍用飛機、國際空間站以及運載火箭發射等領域的市場領先者。

西雅圖現在所形成的巨大的航空產業集群是經過90多年的發展而形成的，現在的航空企業有650多家，這些企業主要從事機身、發動機、複合材料、機載設備等方面的研究與製造。這一地區對一大批美國本土航空工業企業甚至歐洲航空工業企業都有著巨大吸引力。

與此同時，西雅圖也有著「大學城」之稱，在市內或周邊地區

就有 6 所大學，其中最著名的大學是華盛頓大學，有 4 萬多名學生。波音公司和華盛頓大學建立了長期的友好合作關係，華盛頓大學許多畢業生在畢業之後選擇在波音公司就業，華盛頓大學所擁有的風洞設施就是由波音公司資助建立，以方便其教學和科研。

二、國內航空工業產業集群

1. 陝西航空工業產業集群

隨著中國航空工業的不斷發展壯大，陝西航空工業產業集群已經逐漸形成。在「三線建設」時期，陝西已持有 29 個與航空工業相關的國家項目，並建設形成 10 餘家飛機設計生產單位以及 2 個航空軍工聚集區。從改革開放到 20 世紀末，在世界國防科技工業轉型的大背景下，航空產業結構向「軍轉民」調整。軍工企業借助其生產技術優勢，開始大力發展軍工民品和軍民兩用產品。這一時期，因市場改革、業務重塑，加之航空科研生產在軍用、民用兩個領域的協調發展，市場得到進一步擴大。同時航空產業的高經濟附加值對民營企業有一定吸引力，使其以項目為紐帶向核心軍工企業靠攏，由此形成陝西航空工業產業集群的雛形。

目前，陝西航空工業產業集群已經成為繼美國西雅圖、法國圖盧茲之後第三個全產業鏈的航空研發生產產業集群。央企中航工業集團下屬的西飛、陝飛等大型軍工企業是陝西航空工業產業集群的龍頭核心企業。一批又一批骨幹企業相繼形成，並由此形成了核心產品和若干特色項目。

陝西航空工業產業集群以市場為基礎，注重軍用和民用技術的雙向互動。而軍民兩用航空產業是集材料、特種工藝等尖端技術之

大成的高技術產業，同時也是陝西省的傳統優勢產業，現已形成集科研、設計、試驗、生產製造、營銷和售後於一體的綜合體系。陝西省航空工業產業集群顯然已形成一個軍民技術互相支撐、軍民企業互相聯繫的較為完整的體系。[①]

2. 成都航空工業產業集群

曾經的成都，為回應國家「三線建設」號召大力發展航空工業，不斷累積軍工資源。現在的成都，作為全國航空產業三大基地城市之一，其主要特徵是門類齊全、產研結合緊密、研發基礎雄厚。成都擁有成飛公司等一批行業龍頭企業，中國自主研製的大型客機C919在上海正式下線，而大飛機的機頭及部分航電系統，便是由來自成都的中航工業成飛公司、中航電科兩家單位研製生產。作為成都大力發展的高端成長型產業，航空工業已經成為「成都製造」向「成都智造」轉變的典型代表。

在大力提倡國家全面創新改革的今天，成都是四川建設改革試驗區的核心城市。目前，成都航空產業規模位居全國第四，作為中國重要的軍機研製基地和國家民用航空產業高技術產業基地，已形成了涵蓋研發、設計、製造、測試、維修等較完整的航空裝備產業鏈，擁有紮實的產業基礎和廣闊的發展空間，「民參軍」和「軍轉民」深入對接與轉化，創新成果不斷湧現。

三、航空工業產業集群發展的經驗和啟示

（1）龍頭企業所產生的帶動效應。大型航空工業龍頭企業無疑

[①] 彭憶, 陳彥博. 產業集群理論與湖南經濟崛起[J]. 邊疆經濟與文化, 2006 (11): 32-34.

對該區域航空工業的發展有著深遠影響，其所持有的項目對市場有著巨大的吸引力，同時也吸引了大量製造企業入駐，大型航空工業企業是航空知識流動的主要渠道。它們的大型項目不僅能為當地的企業提供發展機遇，推動當地經濟發展，也是國際聯繫的重要平臺和通道。

（2）與國際航空工業網絡密切聯繫。中國部分航空工業企業與許多國際航空工業企業保持著密切聯繫，經常為它們提供零部件或分系統。從航空工業的發展歷程可知，在飛機設計與生產過程中，新技術的產生與應用將對原有技術產生巨大衝擊，可能使其失去競爭力甚至面臨被淘汰的威脅，因此飛機製造企業必須順應時代發展潮流，學習並研發前沿航空科技。

（3）順應集群化和全球化趨勢。通常來說，區域航空產業的競爭力水準往往取決於該區域供應網絡的結構和水準。企業的集群化發展可以保證航空工業的區域集中，加強企業間的合作創新、技術擴散，促進企業所在地的地方經濟發展；而企業的全球化發展則是順應時代科技發展潮流，以國際的眼光看待航空技術。①

（4）相關產業的支撐作用。航空工業的發展離不開相關產業（如機械製造行業、電子技術行業等）的支撐，它們不僅可以為其提供配套，而且可以從相關產業中獲得知識溢出，促進產業本身發展。

（5）實現生產網絡和創新網絡的良性互動。科技與生產相結合可以有效推動航空工業的發展，因此必須努力實現科技創新與產業集群統一，從而支撐航空製造業的發展。航空工業的長遠發展與科

---

① 楊治. 產業政策與結構優化 [M]. 北京：新華出版社，1999：128.

研機構密切相關，大量航空工業企業通過與科研機構合作形成科技創新體系，從而實現生產網絡和創新網絡的良性互動。

（6）大力推動教育事業和研發活動的發展，培養產業發展所需的高素質人才。高科技產業發展的關鍵因素包括知識教育和技能研發，航空工業的發展離不開技術創新和人才培養，這就需要在當地設置一些大型教育與科研機構，使它們能夠為產業發展培養大量高素質人才從而支撐企業的長遠發展。

（7）人才密集。隨著航空工業產品向多樣化、複雜化方向發展，產品技術含量要求越來越高，導致產業對專業技術人才的需求也越來越大。高科技產業發展日新月異，教育與研發機構數量與日俱增，聚集了大量各領域內的專業人才，其對高科技企業的入駐也有較大吸引力。

（8）專業化的基礎設施。航空工業中所涉及的基礎設施主要分為兩類：專門基礎設施和公共基礎設施。專門基礎設施主要包括航空設施研發及性能測試等過程中需用到的設施設備；公共基礎設施則主要包括港口、機場、高速通信網絡等通用性設施。

（9）政策支持和組織保障。這些企業的發展在很大程度上得到了當地政府的大力支持。政府主要通過軍品訂貨、稅收優惠等形式支持該類企業的長遠發展，並鼓勵發揮其帶頭作用，從而推動當地航空工業的發展。在某些特定區域還設有產業聯盟組織，主要目的在於推動形成區域航空產業集群，在該區域產業發展政策的制定實施這一過程中扮演著至關重要的角色。

（10）長期累積。航空工業中心的初步形成通常都具有一定的偶然性，這主要是因為大部分飛機製造更多的是個人興趣的產物，相

應所形成的規模也不大。通常來說，一個航空工業中心的形成一般需經歷很長的發展週期，甚至需要幾十年的時間。隨著航空技術的日漸成熟及產品的多樣化、複雜化，其工業門類及其規模才不斷擴張，吸引了各個領域的大量人才並成為航空工業中心的重要推動力量。在新項目開發和新產品設計生產過程中，這些航空工業中心不斷累積航空設計與製造知識，取得了顯著的成效。

綜上所述，區域航空工業發展的基本經驗就是在市場和政府共同作用的大背景下，產業要素和創新要素實現集聚融合，走集群創新發展之路。部分區域航空工業的發展經驗以及在此過程中所體現出來的共同特徵為中國推動航空事業整體進步提供了重要的經驗借鑑。比如，對大型航空工業企業要大力培育和扶持，堅持走創新發展之路，推動航空工業向集群化方向發展，等等。

第四節　航空工業產業集群發展的對策建議

要實現航空工業產業集群發展，必須打破軍民之間的界限，將國家和地方政府調控措施緊密結合，不斷改革創新，凝聚發展合力，實現資源充分利用和國家建設效益最大化。

一、航空工業需進一步強化發展意識

根據國家戰略的需要，進一步明確航空工業的內容，制定和完善地方性航空工業規劃及其實施方案，從而形成健全的地方政府、軍工企業、民口企業等創新主體的軍民融合宣傳教育體系。面向軍

事國防和軍工企業領域重點開展市場開放意識、集約融合意識教育，在全社會形成「寓軍於民、以軍代民、以民促軍、全民皆兵」氛圍，做到不僅在思想認識上軍民融合，更要在實踐中體現軍民融合。①

二、政府應加強政策引導，並加大監督力度

為了形成產業集群並健康發展，政府可通過出抬相應的激勵或優惠扶持政策，引導民間資本進入航空工業相關產業，為生產相關航空產品的民口企業提供優惠。通過實施優惠政策將市場資本引入航空工業將會極大地改善產業集群發展過程中的融資難狀況。此外，航空工業的某些產品具有較高的保密性和敏感度，甚至與國家安全有關，政府要增強風險意識，加大監督和審查力度。

三、創新高技術產業基地與航空工業集團的共建模式

要時刻以國家強軍目標與經濟發展目標為導向，產業集群的形成要與航空工業的「龍頭」軍工集團在發展理念、目標和路徑上保持同步，逐步形成聯合發展的共建模式，充分發揮其引領作用，合理制定相關產業集群發展規劃；按照其需求，合理配置相應資源，形成目標明確、針對性較強的產業鏈；培育新的經濟增長極，提升產業基地的內生增長能力，不斷促進中國的國防力量建設與地方經濟發展的融合。

---

① 潘毓芹，杭永寶. 工業軍民融合的挑戰與對策 [J]. 唯實，2017（5）.

四、推動現有市場服務體系向專業化和社會化方向發展

相關機構務必加強領導，統一規劃，選好市場服務體系的突破口，廣泛組織社會資源，調動全社會的積極性。在市場服務體系健康成長的過程中，要提供良好的社會環境，加強宣貫，認識到市場服務體系存在和發展的重要性。市場服務體系的順利運行需要政府相關部門提供必要的便利條件，以利於其長遠發展。

五、促進航空工業構建並完善協同創新體系

完善以市場為導向、軍工企業為龍頭、民口企業為重點、高校和科研院所為支撐的航空工業科技創新體系。利用先進技術對傳統產業進行技術改造，促進軍用技術轉移到通用領域。發揮不同創新主體的作用，選擇重大科技項目進行重大項目的基礎和關鍵領域攻關，凸顯航空工業產業集群的發展活力和動力。

參考文獻

安東尼·範·阿格塔米爾,弗雷德·巴克.智能轉型:從銹帶到智帶的經濟奇跡 [M].徐一洲,譯.北京:中信出版社,2017.

陳柳欽.基於新經濟地理學的產業集群理論綜述 [J].湖南科技大學學報(社會科學版),2007(3):42-48.

陳潤羊.中國核產業發展的態勢和對策 [J].工業技術經濟,2013(2):104-111.

陳秀山,張可雲.區域經濟理論 [M].北京:商務印書館,2004:25-101.

陳勇.江蘇船舶產業體系評價與實現路徑研究 [D].鎮江:江蘇科技大學,2011.

董強.四方面著力推動實現船舶工業高質量發展 [J].中國船檢,2018(3):12-13.

董曉輝,黃朝峰,李湘黔.軍民兩用技術產業集群協同創新模式比較——三個典型案例分析 [J].科技進步與對策,2014(23).

耿殿賀,原毅軍,侯小康.重大技術裝備製造業的技術升級路徑選擇——基於持續創新能力視角的研究 [J].科技進步與對策,2010,27(4):47-49.

工信部. 六部委發文：推動船舶工業軍民深度融合［DB/OL］. （2017-01-13）［2019-11-22］. http：//www. xinhuanet. com//fortune/2017-01/13/c_ 129444787. htm, 2017-02-15.

龔友國. 中國核工業面臨著前所未有的機遇與挑戰［N］. 中國企業報, 2010-06-18（009）.

顧朝林, 王恩儒, 石愛華, 等.「新經濟地理學」與經濟地理學的分異與對立［J］. 地理學報, 2002, 57（4）：497-504.

何禹霆. 中國裝備製造業的產業組織模式——基於COCP範式的研究［M］. 北京：經濟管理出版社, 2006.

江育恒, 趙文華. 研究型大學助推創新型城市建設的路徑初探——來自華盛頓大學的經驗借鑑［J］. 中國高教研究, 2016（7）.

李茗芳. 近20年來產業區位的研究進展［J］. 亞熱帶資源與環境學報, 2007（2）：86-93.

李響, 鄭紹鈺, 李倩. 軍民融合戰略下區域軍地協同創新網絡研究——以陝西航空軍民融合產業集群為例［J］. 科技和產業, 2017（1）.

李小建, 李慶春. 克魯格曼的主要經濟地理學觀點分析［J］. 地理科學進展, 1999（2）：3-8.

廖世星. 基於演化經濟學的創新集群形成動力機制研究［J］. 中國集體經濟, 2017（21）.

林左鳴. 改革開放三十年中國航空工業傳承創新發展［N］. 學習時報, 2008-11-17.

劉輝, 史雅娟, 曾春水. 中國船舶產業空間佈局與發展策略［J］. 經濟地理, 2017（8）：99-107.

羅仲偉. 軍事工業主體的特性與產業組織分析 [J]. 中國工業經濟, 2003 (2): 30-38.

潘亞鑫. 海事船舶行業 2014 年招工用工狀況調查分析 [J]. 廣東造船, 2014, 33 (2): 13-16.

潘毓芹, 杭永寶. 工業軍民融合的挑戰與對策 [J]. 唯實, 2017 (5).

彭憶, 陳彥博. 產業集群理論與湖南經濟崛起 [J]. 邊疆經濟與文化, 2006 (11): 32-34.

蘇文明, 王政書. 構建科技軍民融合創新平臺的著力點與體制機制創新研究——以四川省為例 [J]. 西部經濟管理論壇, 2018, 29 (5): 7-10, 16.

孫吉樂, 張飛霞. 區域經濟學理論研究文獻綜述 [J]. 財會研究, 2017 (10): 65-68.

孫勤. 改革創新求真務實努力實現核工業又好又快安全發展——在中國核工業集團公司 2010 年度工作會議上的報告 [J]. 中國核工業, 2012 (1).

唐華. 產業集群論 [D]. 成都: 四川大學, 2004.

王發明, 周穎, 周才明. 基於組織生態學理論的產業集群風險研究 [J]. 科學學研究, 2006 (S1): 79-84.

王治平. 產業集群形成條件、動力機制和發展模式分析及其政策建議 [J]. 咸寧學院學報, 2012, 32 (8).

嚴劍峰. 世界四大民用航空工業中心及其共同特徵 [J]. 科學發展, 2012 (9).

楊國民. 中國航空業: 在傳承創新中再造輝煌 [N]. 經濟日報,

2019-03-11.

楊慧力，王凱華.中國船舶產業鏈整合模式選擇［J］.中國科技論壇，2015（8）：71-77.

楊治.產業政策與結構優化［M］.北京：新華出版社，1999：128.

佚名.船舶總裝建造智能化轉型指導意見研討會在京召開［J］.智能製造，2017（10）：10.

佚名.張廣欽就中國船舶工業發展答記者問［J］.交通建設與管理，2005（7）：28-30.

約翰·馮·杜能.孤立國同農業和國民經濟的關係［M］.北京：商務印書館，1986.

張近樂，常寧花.產業集群視角下的陝西省軍民融合產業發展對策［J］.西北工業大學學報（社會科學版），2012（4）.

張敏.產業集群生成與發展的動力機制分析［J］.商業時代，2011（1）.

張仕娥，姜根柱，繆薹薹.基於卓越計劃的機械設計製造及其自動化專業實施探討［J］.中國電力教育，2012（5）：57-58.

張曉歡.國外戰略性新興產業發展的經驗與啟示［N］.中國經濟時報，2017-08-25（004）.

趙苡然，陳力.構建中國特色軍民融合金融支持體系［N］.中國國防報，2017-06-15（004）.

DIXIT A, STIGLITZ J E. Monopolistic competition and optimum product diversity［J］. American economic review, 1977（67）：297-308.

FUJITA M. A monopolistic competition model of spatial ag-glomeration: Differentiated product approach [J]. Regional science and urban economics, 1988 (18): 87-124.

KRUGMAN P. Increasing returns and economic geography [J]. Journal of political economy, 1991 (99): 483-499.

MARTIN R. Critical survey. The new 「geographical turn』in economics: Some critical reflections [J]. Cambridge journal of economics, 1999 (23): 79-87.

PRED A. Behavior and location. Foundations for a geographic and dynamic location theory. Part 1 [D]. Lund: University of Lund, 1972.

SCHMENNER R W. Making business location decisions [J]. Englewood Cliffs: Prentice Hall, 1982: 23-27.

附件

附件 A　關於加快吸納優勢民營企業進入武器裝備科研生產和維修領域的措施意見

（裝計〔2014〕第 809 號）

近年來，隨著中國國防科技工業管理和武器裝備採購制度不斷完善，武器裝備科研生產和維修領域准入制度逐步健全，國務院和軍隊有關部門從不同管理角度，開展了武器裝備科研生產單位保密資格審查認證（以下簡稱保密資格認證）和武器裝備質量體系認證制度（以下簡稱質量體系認證），建立了武器裝備科研生產許可制度（以下簡稱許可審查）和裝備承製單位資格審查制度（以下簡稱資格審查）。這些管理制度的建立，對於提升武器裝備科研生產能力、提高武器裝備建設質量效益、確保國家秘密安全發揮了重要作用。

隨著中國社會主義市場經濟制度不斷完善和國民經濟快速發展，民營企業規模和能力不斷發展壯大，在一些行業和領域已經走在前列。積極吸納優勢民營企業進入武器裝備科研生產和維修領域，對於打破行業壟斷、激發創新活力、提高裝備採購效益具有重要意義。

黨的十八屆三中全會明確要求「推動軍民融合深度發展」「引導優勢民營企業進入軍品科研生產和維修領域」。面對新形勢、新要求，現行准入制度和管理工作存在著制度銜接不暢、審查程序繁瑣、審批週期過長、准入「門檻」偏高等問題，把武器裝備建設植根於國家最先進的科學技術和工業體系基礎之上，迫切需要改進現行准入的管理制度。

一、總體思路和目標要求

加快吸納優勢民營企業進入武器裝備科研生產和維修領域，要以黨的十八屆三中全會精神和習主席關於推進軍民融合深度發展的一系列重要指示為指導，以武器裝備建設需求為牽引，堅持問題導向，消除准入壁壘，建立准入協調機制，暢通受理渠道，簡化工作程序，降低進入「門檻」，強化監督管理，提高武器裝備建設資源配置效率和公平性，構建協調順暢、簡明規範、高效有序、安全保密的武器裝備科研生產和維修領域准入管理制度。

2014年底前，建立分類審查制度，完善跨部門審查工作協調機制，減少重複審查，統一設立資格審查受理點，修訂完善相關管理規章；2015年底前，建立相關配套制度機制，完善聯合監督管理和退出機制，承擔武器裝備科研生產和維修任務的民營企業數量和任務級別顯著提升。

二、改進工作的主要舉措

(一) 實施分類審查准入

根據裝備重要和涉密程度，將裝備承制（含承研、承修，下同）單位分為三類。

第一類是武器裝備的總體，關鍵、重要分系統和核心配套產品（即列入國防科工局、總裝備部發布的《武器裝備科研生產許可目錄》內的專業或產品）的承製單位。在通過保密資格認證和質量體系認證基礎上對申請企業進行許可審查、資格審查。

第二類是武器裝備科研生產許可目錄之外的專用裝備和一般配套產品的承製單位，只對申請企業進行資格審查，不再進行許可審查和強制性武器裝備質量體系認證（需建立武器裝備質量管理體系，在資格審查時一併進行審核）。對本類承製單位的保密要求：產品本身不涉密但背景、用途等涉密的，由採購方和承制方簽訂保密協議；應急或短期生產秘密級產品的，由採購方按照有關保密標準和程序對承制方進行保密審查，簽訂保密協議，提出保密要求；生產機密級（含）以上的產品或長期承擔涉密武器裝備科研生產任務的，實行保密資質認證。

第三類是軍選民用產品的承製單位，申請企業需建立國家標準質量管理體系，只進行資格審查（以文件審查形式為主）。對參與軍選民用產品招標競爭的企業不設特別資格限制，凡產品及服務符合招標要求的企業均可參加投標，中標企業經資格審查後，可註冊第三類裝備承製單位資格。

積極鼓勵企業自主創新研究，承擔裝備預研計劃中應用基礎研究、應用開發研究任務的單位，不需進行資格審查。

（二）建立跨部門審查工作協調機制

建立保密資格認證、質量體系認證、許可審查和資格審查工作協調機制，明確工作協調組織形式和內容。建立定期協調制度，保證各部門在受理、審查等方面相互協調、同步推進。嚴格各類審查工作節點時限要求，確保按期完成審查和審批。對於確因程序原因無法及時取得保密資格的第二類裝備承製單位，可先行註冊裝備承製單位資格，並要求企業在簽訂涉密合同前取得相應的保密資格。

（三）改進質量體系認證工作

對第一類裝備承製單位實施強制性武器裝備質量體系認證，第二、三類裝備承製單位可自願申請武器裝備質量體系認證。簡化質量體系認證流程，取消認證申請推薦環節，精簡認證審批程序，將認證註冊週期控制在 6 個月之內。擴充認證機構數量，吸收通過保密審查、具備良好信譽和較高審核能力的認證機構參與認證。逐步推行質量體系分級認證。

（四）逐步推進許可和承制資格的聯合審查

國防科工局和總裝備部修訂《武器裝備科研生產許可專業（產品）目錄》，進一步精簡優化許可審查管理範圍，經降密處理後向社會公開發布。建立許可審查和資格審查聯合審查機制，修訂完善相關規章，推進「兩證」聯合審查。

(五) 統一設立資格審查申請受理點

按照專業類別和地域分佈，依託全軍各軍事代表局或總部有關部門授權的機構，設立軍隊資格審查申請受理點，並向社會公布。各申請受理點負責對企業承制資格申請材料進行形式審查，明確承製單位類別及受理意見，對企業提出是否需開展許可審查、質量體系認證、保密資格認證及其認證等級提供相關政策法規諮詢服務。

(六) 規範保密資格認證等級審核工作

省級國防科技工業管理部門、各軍工集團公司總部和軍隊各資格審查申請受理點，在各自職責範圍內，根據企業承擔或擬承擔項目的密級，依照定密管理有關規定，審核企業保密資格認證級別。其中，軍隊下達的裝備採購計劃，組織簽訂的裝備採購合同（含配套合同）涉及的保密資格認證申請單位，由申請企業持軍隊資格申請受理點出具的保密資格認證級別建議，到相關保密資格認證機構申請認證。

(七) 建立承製單位資質聯合監管機制

構建保密資格認證、質量體系認證、許可審查和資格審查工作聯合監管機制，在各管理部門之間建立重大問題、重大情況通報制度。加大軍事代表機構對民營企業監管力度，完善合同履約信譽等級評價和年度資格監督報告制度，健全退出管理機制。

(八) 取消各類收費制度

各類審查認證和監督檢查均不得收取企業任何費用。加強審查

認證從業人員教育和監督，嚴格控制現場審查人數，嚴禁變相收費，嚴禁向企業推銷指定的設施設備和培訓資料。各主管部門應向社會公開投訴渠道，加強紀律監督和責任追究。

三、工作要求

各部門各系統要加強組織領導，統一思想認識，進一步認清改進武器裝備科研生產和維修領域准入制度和管理工作，對於推動軍民融合深度發展、加速優勢民營企業參與裝備建設的重要意義，切實做好對各項舉措的學習理解和宣貫落實工作。要切實履行職責，按照工作任務要求，及時調整工作程序、完善工作制度，確保各項舉措落實到位。要進一步轉變工作作風，強化服務意識，牢固樹立一盤棋思想，切實做好各項工作的銜接配合。

附件 B　國防科工局關於促進國防科技工業科技成果轉化的若干意見（科工技〔2015〕1230 號)

為落實國家創新驅動發展戰略和軍民融合發展戰略，促進國防科技工業科技成果的轉化應用，激發國防科技工業相關單位及科技人員的創新創業熱情，更好地履行支撐國防軍隊建設、推動科學技術進步、服務經濟社會發展的職責，依據《中華人民共和國促進科技成果轉化法》等法律法規，結合國防科技工業實際，提出本意見。

一、本意見所稱國防科技工業科技成果，是指國防科工局、國務院其他有關部門及地方人民政府有關部門管理並給予經費支持和

有關單位（研究開發機構、高等院校和企業等）自籌經費開展國防科技工業領域科學研究、技術開發和設備設施建設所產生的具有實用價值的成果，包括涉密科技成果與非涉密科技成果。

本意見所稱國防科技工業科技成果轉化，是指為提高生產力水準而對國防科技工業科技成果所進行的後續試驗、開發、應用、推廣直至形成新產品、新工藝、新材料，發展新產業等活動，包括「軍轉軍」「軍轉民」「民轉軍」和「民轉民」四種類型。

二、國防科技工業科技成果轉化工作在確保國家安全和保密的前提下，遵照《中華人民共和國促進科技成果轉化法》執行。

三、國防科技工業科技成果轉化活動應當充分發揮企業的主體作用、政府的主導作用和市場對資源配置的決定性作用。本著安全保密、自主自願、公平公正的原則，激發廣大科研人員創新活力和創造潛能，注重產學研用相結合，提升人才、勞動、信息、知識、技術、管理、投資的效率和效益。

四、國防科技工業科技成果應當首先在國防科技工業領域和境內民口領域實施。單位或個人向境外的組織、個人轉讓或者許可其實施科技成果的，應當遵循相關法律、行政法規以及國家有關規定，維護國家安全和利益。

五、國家為了國家安全、國家利益和重大社會公共利益的需要，可以依法組織實施或者許可他人實施相關科技成果。

六、鼓勵開展增材製造、智能機器人、工業互聯網、節能環保、安全生產、先進設計、試驗與測試等先進工業技術的推廣應用。積極參加《中國製造2025》，推動國防科技工業強基工程實施。提倡和鼓勵採用先進技術、工藝與裝備，限制或者淘汰落後技術、工藝

與裝備，替代國外進口，改造傳統產業，促進升級換代，提高全行業先進科技成果轉化應用效率，降低製造成本，縮短研製週期，促進節能環保，提高武器裝備研製生產水準和企業核心競爭力。

七、鼓勵採取多種形式，推動國防科技工業科技成果向裝備製造、綠色產業等技術產業方向的轉化應用，積極融入國家「一帶一路」、京津冀協同發展、長江經濟帶建設、西部大開發、振興東北老工業基地等發展戰略。發揮軍工特色技術的引領輻射作用，打造軍民結合、產學研一體的科技創新中心和轉化平臺，催生新技術，孵化新產業，帶動區域經濟發展，促進產業結構升級，推動經濟建設和國防建設融合發展。

八、各有關單位加強對國防科技工業科技成果轉化工作的組織實施，完善適應科技成果轉化要求的體制機制，建立科學高效的轉化管理方式，培養專兼結合的轉化隊伍，積極推動科技成果的轉化應用，發揮研究開發機構、高等院校和企業的創業創新主體作用。

九、科技成果持有單位在符合國家安全、保密和科研生產佈局等相關規定的前提下，可以自主決定，採用下列方式進行國防科技工業科技成果轉化：

（一）自行投資實施轉化；

（二）向他人轉讓該科技成果；

（三）許可他人使用該科技成果；

（四）以該科技成果作為合作條件，與他人共同實施轉化；

（五）以該科技成果作價投資，折算股份或者出資比例；

（六）其他協商確定的方式。

鼓勵研究開發機構、高等院校採取轉讓、許可或作價投資方式，

向企業或其他組織轉移科技成果。

十、國防科技工業科技成果轉化收益全部留歸本單位，在對完成和轉化科技成果作出重要貢獻的人員給予獎勵和報酬後，主要用於科學技術研究開發與成果轉化等相關工作。獎勵和報酬支出部分計入當年本單位工資總額，但不受當年本單位工資總額限制、不納入工資總額基數。

十一、科技成果完成單位可規定或與科技人員約定獎勵和報酬的方式、數額和時限。單位在制定相關規定時應充分聽取本單位科技人員意見，並在本單位公開相關規定。

對於未規定也未約定的，按以下標準之一執行：

（一）對轉讓或許可給他人實施的科技成果，從轉讓淨收入或許可淨收入中提取不低於百分之五十的比例；

（二）對作價投資的科技成果，從該項科技成果形成的股份或出資比例中提取不低於百分之五十的比例；

（三）對自行實施或與他人合作實施的，在實施轉化成功投產後連續三至五年，每年從實施該項科技成果的營業利潤中提取不低於百分之五的比例。

對於研究開發機構和高等院校，在規定或與科技人員約定時，也應符合第一項至第三項規定的標準，即約定優先和最低保障相結合。

十二、關於獎勵和報酬的納稅，依照國家對科技成果轉化活動的有關稅收政策執行。

十三、統籌建設國防科技工業科技成果信息及推廣轉化平臺，鼓勵各有關單位建設相關分平臺；通過多種形式分別向國防科技工

業系統和民口領域發布科技成果信息和轉化目錄，提供對不同密級科技成果在相應範圍內的信息發布和查詢等公益服務，實現全行業科技成果信息的綜合集成、系統分析和開放交流；推進與國務院有關部門和地方人民政府的合作和相關平臺的信息共享，實現成果轉化方、需求方和專業服務機構的有效對接。

十四、建立國防科技工業科技成果報送制度。

（一）各有關單位應定期對已有科技成果進行梳理和篩選，每年12月31日前向國防科工局報送科技成果統計信息及轉化情況。

（二）對於國防科工局管理並給予經費支持的科研項目，在項目驗收時，各有關單位向國防科工局提交的項目科技報告必須包括科技成果和相關知識產權等內容。未按規定提交的，項目不予驗收。

十五、科技成果轉化的全過程，要確保國家秘密的安全。涉密科技成果要按照國家保密規定，由原定密單位履行解密、降密或知悉範圍變更手續後實施轉化。

（一）各有關單位應每年定期對涉密科技成果進行審核。對保密期限已滿、符合解密降密條件或不需要繼續保密的，由原定密單位按國家保密規定及時辦理解密降密手續。

（二）向具有與科技成果密級相同（或更高）資質的軍工單位轉化涉密科技成果的，應按照國家保密規定履行知悉範圍變更手續；向民用領域轉化涉密科技成果的，應按照國家保密規定履行解密程序。

（三）參與涉密科技成果轉化的服務機構必須具備相關保密資質，並在轉化服務過程中確保國家秘密的安全。

（四）對於涉密科技成果的轉化，應由具有相關資質的服務機構

進行評估，以協議定價的方式確定價格；對於非涉密科技成果的轉化，可通過協議定價、在技術交易市場掛牌交易、拍賣等方式確定價格。對於協議定價的，應當在一定範圍內公示科技成果名稱和擬交易價格。

十六、支持國防科技工業領域科技成果轉化服務機構發展，鼓勵社會科技服務機構參與國防科技工業科技成果轉化工作，開展成果推薦、法律諮詢、價值評估、轉化交易、投融資服務和實施營運等工作，引導科技成果轉化工作規範化、專業化發展。重視人才隊伍培養，開展跨學科、跨業務、跨行業、跨區域的培訓與交流，提高科技成果推廣轉化隊伍的綜合素質和業務水準。

十七、國防科工局對推廣轉化效益好的示範項目通過相關科研計劃給予支持；對單位先行投入資金組織開展科技成果轉化並取得顯著成效的帶動性項目，可按照後補償機制給予相應補助。鼓勵各有關單位設立科技成果轉化專項資金，支持科技成果轉化項目的實施。鼓勵和引導社會資金投入，推動科技成果轉化資金投入的多元化。

十八、鼓勵各有關單位制定激發科研人員創新活力和創業潛能的措施，建立有利於促進成果轉化的考核和激勵機制，將轉化績效納入對單位和個人的考核評價體系。應用類科研項目立項時，應明確項目承擔者的科技成果轉化責任，並將其作為驗收的重要內容和依據。對科技成果轉化績效突出的相關單位和個人加大科研資金的支持力度。

十九、鼓勵各有關單位以普通專利形式對科技成果進行保護，依法優先採用先進適用的民用標準，推動軍用、民用技術相互轉移

轉化，充分發揮市場配置資源作用。

二十、對其他渠道投資產生的科技成果轉化，在徵得其投資主管部門同意後，可參照本意見執行。

二十一、各有關單位可依據《中華人民共和國促進科技成果轉化法》和本意見，結合單位實際情況，制定切實可行的實施細則，優化政策環境，確保科技成果轉化各項工作落到實處，取得實效。

附件 C 西南國防科技成果產業化促進中心的建設方案

四川擁有建設西南國防科技成果產業化促進中心得天獨厚的軍工基礎與科教資源。作為國防科技工業大省，四川全系統科研生產單位超過500家，核工業科研生產能力全國第一，是全國四大航空工業基地之一；是中國核工業和航空、航天、軍工電子、兵器等國防高科技領域的重要戰略基地和軍民科技創新基地，國家核動力、核能裝備、核材料科研生產基地和通信衛星應用產業聚集發展區。四川科創資源豐富，擁有科研院所270家、高等院校126所、兩院院士57人、各類專業技術人員340多萬名、全省從事研發活動的人員15萬名。目前，全省國家重大科技基礎設施有9個，國家重點實驗室14個，國家級和省級科技創新平臺1,635個，國家雙創示範基地6個，各類孵化載體860多家，規模以上工業高新技術企業2,390家，擁有建設西南國防科技成果產業化促進中心得天獨厚的科技優勢。

近年來，四川加強國防科技工業發展的頂層設計，搭建政、產、學、研、用平臺，率先與國家國防科工局和所有央屬軍工集團建立戰略合作關係，形成了「省、部、軍」多層次、寬領域的合作格局，密集出抬了國防科技工業發展系列政策文件，制定了《四川省激勵科技人員創新創業十六條政策》《科研院所改革總體方案》《關於深化人才發展體制機制改革促進全面創新改革驅動轉型發展的若干意見》《四川省促進科技成果轉移轉化行動方案（2016—2020年）》等文件，為國防科技工業發展營造了良好的政策環境。

一、總體要求

（一）指導思想

貫徹落實習近平新時代中國特色社會主義思想，按照黨的十九大的戰略部署，按照黨領導一切、局委統籌指導、地方負責主建、創新主體廣泛參與、具有市場活力的基本原則，進一步解放思想、創新思路、釋放國家政策紅利，以新發展理念引領國防科技工業發展的體制機制改革，著力打造體現國家意志、實現國家使命、代表國家水準的區域性國防科技成果產業化促進平臺，為構建一體化的國家戰略體系和能力率先示範，為實現富國強軍目標提供有力支撐。

（二）基本原則

1. 黨領導一切

按照黨的十九大戰略部署，貫徹落實新時代中國特色社會主義思想和基本方略，強化決勝全面建成小康社會、全面推進國防和軍

隊現代化、建設創新型國家、實現富國強軍對平臺建設的戰略引領及使命擔當。

2. 局委統籌指導

平臺建設需強化國防科工局的統籌指導，以國防安全為首要條件，促進高精尖國防科技成果對民用需求與市場化的積極回應，確保創新協同中心沿著國家主導、需求牽引的方向前進。

3. 地方負責主建

地方受國防科工局委託開展國防科技成果轉化的相關管理工作，負責落實平臺營運的行政資源、政策資源、資金資源、人才資源的投入。

4. 創新主體廣泛參與

創新主體是平臺建設的主要踐行者和促進體系正常營運的行為主體，在平臺建設上要積極協同區域內具備創新意願的國防科技企業和民用企業、國防科研機構、軍隊科研機構、國防院校、軍隊院校、民口高校、政府及軍隊有關部門與仲介服務組織等。

5. 具有市場活力

平臺營運中，要建立現代化的公司管理體系，充分發揮市場對科技資源配置的主導作用，建立完善市場資源配置和公共服務手段，培育壯大科技國防科技工業相關市場主體，不斷完善公正、透明的第三方科技評價體系。

二、建設思路

作為國家佈局的區域性國防科技成果產業化促進平臺，立足工業強基，圍繞區域特色產業發展技術瓶頸，以市場化平臺為載體，

以專業化服務機構為支撐，以新一代信息技術為手段，以融資創新為紐帶，以體制機制創新為保障，著力搭建新型「政、產、學、研、金、介、用」結合的平臺經濟體，使之成為覆蓋西南、輻射全國、符合區域產業轉型發展需求、適應國防科技核心技術發展和運用的「互聯網+企業高技術」解決方案提供者。

三、總體架構（圖C1）

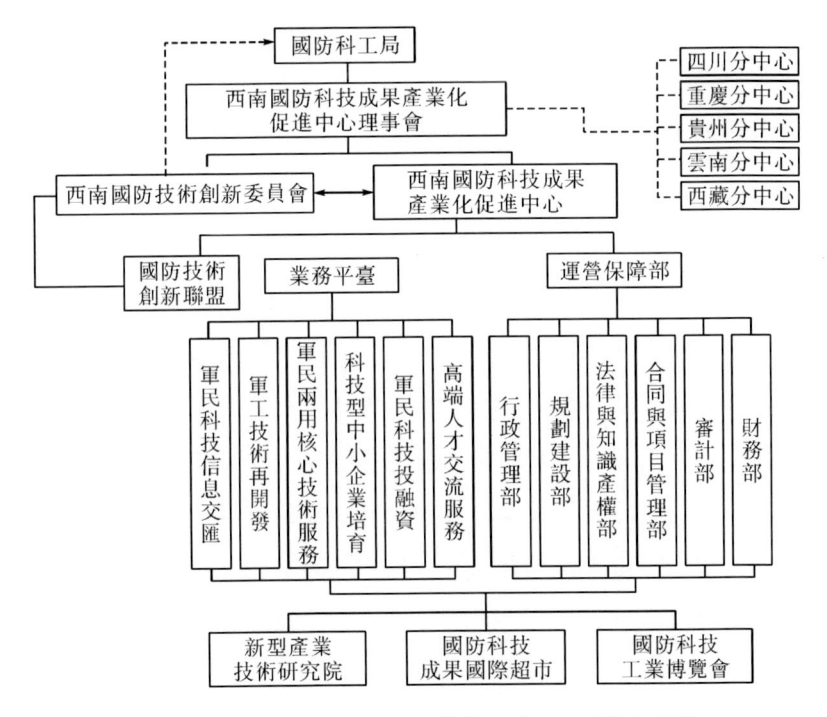

圖C1 西南國防科技成果產業化促進中心總體架構圖

四、運行機制

(一) 項目經理負責制

借鑑美國 DARPA 模式，在中心體制下探索設立項目經理負責制，享有快速決策權與一定權限內的人事聘用、項目啓動、資金使用等權利。在項目經理的人才儲備上，重點向具備超前創新思維和開拓精神、學識淵博、項目管理經驗豐富、熟悉軍方需求或者是參加過國防項目的各種評審或者擔任過軍工研究所和軍工研究部門的管理和研發等工作的相關人員開放。

(二) 「平臺+履約人」管理制

平臺只聘用少量的專職工作人員；在管理上均採取秘書制方式，他們無決策權，主要從事服務於科技創新的行政事務性、執行性、常規性的服務工作；對於聯合工作部門負責人均採用「合約」兼職方式進行管理，其人事關係及待遇保留在原單位；承接平臺捆綁重點計劃的研究人員即為項目組成員，在研究期間不占中心編製、無行政級別、無運行經費投入、無額外固定辦公場所，其人事關係及待遇保留在原單位，隨著項目的結束，其關係自然終止，這「體制外」的管理方式將在更大程度上催生科研活力，真正意義上實現「花錢不養人」。

(三) 項目資金眾籌制

積極對接地區政府主管部門，設立國防工業科技產業投資基金，

並針對不同平臺的建設需要引導天使基金（含捐贈與眾籌）、V.C（風險投資）、P.E（私募股權投資基金）、產業資金等介入，實現政府「小資金」撬動社會「大資本」。此外，鑒於平臺是社會效益突出、有潛在收益的「准許經營性項目」，在平臺建設與營運上，可採用私人主動參與的項目融資建設營運模式（Private Finance Initiative，PFI）。在PFI模式中，中心只負責項目的發包、保障與監管，而私營企業和私有機構組建的項目公司負責項目的設計、開發、融資、建造和營運。

（四）項目眾包制

中心本身不建實驗室，技術孵化所需的試驗、儀器設備通過共享網絡平臺體系可在相關創新主體租賃使用。建立「眾包」機制，對於技術孵化中碰到的難題或瓶頸，通過雙創活動、挑戰賽、創意徵集、提議日、博覽會等方式廣泛吸納社會智慧。

五、主要功能

（一）國防科技信息交匯

針對西南地經濟轉型發展需求，運用大數據和人工智能等新一代信息技術，線上線下相結合，面向全國國防科技工業搜集相關科技成果，實現技術、產品、項目等供需信息的無縫對接。

1. 西南地區經濟轉型發展需求收集

依託新一代信息技術，與西南地區各企業創新主體、政府部門等建立廣泛聯繫，系統梳理本地區經濟發展的技術瓶頸、關鍵共性

技術等科技需求信息，建立技術需求信息庫。

2. 國防科技成果識別

與全國範圍內的相關國防科技企業建立廣泛聯繫，重點識別具有重要商業價值的技術發明或新專利、各類顛覆性技術、成熟技術（產品、問題解決方案）、技術開發項目與少量驗證項目等，建成資源能力數據庫。

3. 國防科技成果信息發布

採用線上為主、線下為輔的方式。線上發布將運用大數據技術，實現需求信息精準發布和推送。線下通過組織博覽會、開放日、需求對接會、項目指南發布等方式，促進重點國防、地方單位開展深度合作。

4. 軍民供需匹配

採用線上線下結合的方式，運用大數據和人工智能技術，實現國防、地方供需的智能匹配和精準服務。

（二）軍工技術再開發

（1）與區域優勢科研院所、高校、企業、產業或工業技術研究院等單位合作，對具有產業化前景的科技成果，按市場機制搭建技術再研發體系和轉化平臺，鼓勵各類投資主體參與技術再研發和轉化。

（2）堅持市場機制和收益共享原則，採用國家政策資金支持、入股等方式，促進重大國防科技專項衍生技術成果再研發。

（三）軍民兩用核心技術服務

根據核心技術的屬性，在該平臺下，設立三個部：

1. 戰略與顛覆技術部

仿照硅谷奇點學院模式組建吸收天使基金支持的國防科技創新創意部，支持重點在創意概念與技術方向。

2. 黑科技部

仿照美國 DARPA（美國國防高級研究計劃局）設置建立吸收 V.C 支持的研發項目部，其支持項目為未來 3~5 年內可以進入社會的技術開發項目與少量驗證項目，通常是滿足社會需求的原型機或解決方案（App）。

3. 應用技術與產業化部

仿照美國國防創新試驗小組（Defense Innovation Unit Experimental，DIUx）建立並努力吸收企業或 P.E 資金支持的成熟技術（產品、問題解決方案）進入社會廣泛推廣項目，支持對象多為有成熟技術或已商業化的中小微科技企業。

（四）科技型中小企業培育

1. 國防科技企業孵化

創新中心與科技產業園區和孵化器等建立長期戰略合作關係，對接國防科技工業成果轉化需求和創新創業服務資源，利用平臺有針對性地導入創新要素，開展股權投資，孵化一批國防科技企業。

2. 國防科技創新基地及產業集群

與市、省內各級園區、大型企業集團一起利用已有存量物理空間共建眾創空間、孵化器、加速器，協助地方政府建設國防科技創新基地及產業集群，在應用創新、行業創新、承接產業轉移、產業化方面提供定制服務。

（五）國防科技投融資

積極創新國防科技金融，以科技金融促進科技開發、成果轉化和高新技術產業發展，具體包括科技擔保、科技貸款等金融服務和基金、上市等投融資服務。

1. 發展基金

聯合國內相關金融機構共同投入，設立國防科技風險投資基金、成果轉化基金、產業投資基金，分別投資不同階段、不同行業的國防科技項目和企業。

2. 科技支行

依託四川省科技支行，重點針對國防科技企業的特點，建立信用評價與風險評估指標體系，創新金融產品，提高融資效率，推進國防科技企業應收帳款融資，實施投貸聯動，切實幫助企業解決資金瓶頸問題。

3. 社會投資資金

引導天使基金（含捐贈與眾籌）、V.C（風險投資）、P.E（私募股權投資基金）、產業資金等介入；創新採用私人主動參與的項目融資建設營運模式。

4. 擔保與風險補助機制

依託相關單位探索建立科技金融服務的擔保與風險補助機制，為金融機構支持國防科技協同創新提供保障、分擔風險、解決後顧之憂。

國家圖書館出版品預行編目（CIP）資料

中國國防科技產業集群發展研究 / 邊慧敏 編著. -- 第一版.
-- 臺北市：財經錢線文化, 2020.06
　　面；　公分
POD版

ISBN 978-957-680-456-4(平裝)

1.國防 2.軍事技術 3.產業發展 4.中國

595　　　　　　　　　　　　　109007749

書　　名：中國國防科技產業集群發展研究

作　　者：邊慧敏 編著

發 行 人：黃振庭

出 版 者：財經錢線文化事業有限公司

發 行 者：財經錢線文化事業有限公司

E-mail：sonbookservice@gmail.com

粉 絲 頁：　　　　　網　址：

地　　址：台北市中正區重慶南路一段六十一號八樓 815 室
8F.-815, No.61, Sec. 1, Chongqing S. Rd., Zhongzheng
Dist., Taipei City 100, Taiwan (R.O.C.)

電　　話：(02)2370-3310　傳　真：(02) 2388-1990

總 經 銷：紅螞蟻圖書有限公司

地　　址：台北市內湖區舊宗路二段 121 巷 19 號

電　　話：02-2795-3656 傳真：02-2795-4100　網址：

印　　刷：京峯彩色印刷有限公司（京峰數位）

本書版權為西南財經大學出版社所有授權崧博出版事業股份有限公司獨家發行電子書及繁體書繁體字版。若有其他相關權利及授權需求請與本公司聯繫。

定　　價：550 元

發行日期：2020 年 06 月第一版

◎ 本書以 POD 印製發行